手繪紫禁城

遗失在日本的北京皇城建筑艺术

いとう ちゅうた
[日] 伊东忠太 等著

郑颖 孙淑亭 译

中国出版集团 现代出版社

图书在版编目（CIP）数据

手绘紫禁城：遗失在日本的北京皇城建筑艺术 ／（日）伊东忠太等著；郑颖，
孙淑亭译 . -- 北京：现代出版社，2021.7
ISBN 978-7-5143-9199-2

Ⅰ . ①手… Ⅱ . ①伊… ②郑… ③孙… Ⅲ . ①紫禁城－建筑艺术 Ⅳ .
① TU-092.2

中国版本图书馆 CIP 数据核字 (2021) 第 075544 号

手绘紫禁城：遗失在日本的北京皇城建筑艺术

著　　者：（日）伊东忠太　等
译　　者：郑　颖　孙淑亭
书名题字：鉴　鑫
责任编辑：谢　惠　姚冬霞
出版发行：现代出版社
通信地址：北京市安定门外安华里 504 号
邮政编码：100011
电　　话：010-64267325　64245264（传真）
网　　址：www.1980xd.com
电子邮箱：xiandai@vip.sina.com
印　　刷：北京瑞禾彩色印刷有限公司

开　　本：787mm×1092mm　1/16
印　　张：15　　　　　　　　　字　　数：200 千
版　　次：2021 年 7 月第 1 版　　印　　次：2021 年 7 月第 1 次印刷
书　　号：ISBN 978-7-5143-9199-2
定　　价：98.00 元

日文初版前言

明治三十四年（1901），本校特派工科大学副教授、工学博士伊东忠太，研究生工学学士土屋纯一，助教奥山恒五郎以及摄影师小川一真赴北京，进行紫禁城和其他建筑及建筑装饰调查。东京帝室博物馆（今东京国立博物馆）亦对此举大为赞许，为调研资助了若干影像费。伊东忠太博士和土屋纯一学士的报告于明治三十六年（1903）四月作为工科大学学术报告出版，照片及其说明于明治三十九年（1906）五月由东京帝室博物馆指定小川一真发行。现在，本校委托小川一真出版助教奥山恒五郎调查、执笔的装饰报告。因此，此书是将前两者合并且全面详细叙述北京皇城建筑及建筑装饰的成果，是有益于学术研究的重要资料。英文说明根据助教奥山恒五郎的日文报告书内容，由东京帝国大学工科大学讲师、文学学士富尾木知佳和小木植两位翻译而成，最终经东京帝国大学工科大学教授、工学博士中村达太郎，塚本靖以及伊东忠太校阅而成。

明治三十九年（1906）十二月

东京帝国大学工科大学

目录

绪　言

　　明治三十四年（1901）六月十八日，本人接受东京帝国大学调查北京皇城建筑装饰的命令，于七月二日从东京出发，十二日到达北京后立即着手，并于九月十日返回东京。现在，将调查结果进行汇报。

　　如《北京城平面图》所示，北京城由内城和外城两部分组成。皇城是位于内城之内的一个区域，皇城内是大内，即紫禁城（参见《紫禁城平面图》[1]）。紫禁城又分为中路、东路和西路三个部分。我倾尽全力针对紫禁城的中路，即最主要的殿、门进行了细致的调查，现按从南到北的顺序依次列举各大殿名称：午门、太和门、太和殿、中和殿、保和殿、乾清门、乾清宫、交泰殿、坤宁宫，以及上述各宫殿附属的楼阁、回廊及大门等附属建筑。

　　此外，位于中路坤宁宫后方，即从坤宁门到北神武门之间各建筑属于东、西两路的殿门。紫禁城西侧同属皇城内部，著名的西苑（参见《西苑平面图》）内的多数建筑（包括太液池周边、琼华岛及瀛台）以及被日

---

　　[1]此平面图是参考以下图纸以及照片等依据记忆制作而成，可以认为是比较接近真实情况的：从法国军队氢气球上摄影得来的紫禁城全景；小川一真摄影师拍摄的景山以及从永安寺望向紫禁城的照片；伊东忠太工学博士根据实测以及踏测制成的紫禁城中央部分（从午门到坤宁门）图；德军制作的实测图（然而它仅包含到西苑的中海、南海的周边）；日军陆军参谋本部制作的北京城地图；片山工学博士曾经在建筑杂志刊登的北京皇城全图以及紫禁城全图；《唐土名胜图会》；中国人绘制的北京城全图（《京城各国暂分界址全图》）。——奥山恒五郎（明治三十五年［1902］六月）

本称作"中国的日光[1]"的万寿山离宫也都进行了粗略考察，并附记作为皇城建筑装饰的主要标本，因此本书以上述列举的紫禁城中路的午门等各建筑为主进行汇报。

现以收集资料为目的，针对考察的各殿门大致位置来分区，并进行说明。（可对照《北京城平面图》《紫禁城平面图》《西苑平面图》）

一、紫禁城内建筑

位于紫禁城内中路坤宁门后方的建筑：天一门、钦安殿、神武门等；

位于紫禁城内东路的建筑：斋宫、景阳宫、宁寿宫、皇极殿、皇极门、御箭亭、上驷院、文渊阁、主敬殿、文华殿、文华门、本仁殿、集义殿、景行门、传心殿（破损）、治牲所等；

位于紫禁城内西路的建筑：养心殿、体元殿、翊坤宫、储秀宫、长春宫、雨华阁、宝华殿、香云亭、中正殿、中正殿后的佛堂、咸安宫（已废弃）、武英门、武英殿（1869年烧毁，同年重建）、南薰殿及内务府。

二、西苑内建筑

位于南海半岛的建筑：瀛台、翔鸾阁、祥辉楼、瑞曜楼、随安室、藻韵楼、湛虚楼、春明楼和刢鱼亭等；

位于南海东南岸的建筑：宾竹室、云绘楼、自在观、五神庙、宝月楼等；

位于中海西岸的建筑：紫光阁、仪鸾殿（已烧毁）的小门等；

位于中海东岸的建筑：万善殿、千圣殿、集瑞馆以及中海的秋风亭等；

位于北海东南角琼华岛的建筑：永安寺；

位于北海北岸的建筑：极乐世界、万佛楼、五龙亭、小西天等。

三、紫禁城北部：景山、大高玄殿等。

---

[1]日光，指日光东照宫，是位于日本栃木县日光市的神社，即东照宫总本社，主祭神是东照大权现（德川家康）。日光东照宫和久能山东照宫、仙波东照宫并称为"日本三大东照宫"。——译者注

四、万寿山离宫内的各个殿门：佛香阁、众香界等。

万寿山离宫距北京城西北约3.5公里，如第230-231页第二十八图所示。作为参考，还包括内城东北的雍和宫（喇嘛寺）、外城南侧永定门右侧的天坛两座建筑。

在此，对此报告进行简要的说明，其主要分为装饰纹样和装饰色彩两部分，最后对北京皇城的建筑装饰进行评述。

【附言】由于首次着手进行调查，最初从较为容易测绘的乾清门开始，绘制了3~4幅装饰大样图，并按照实测、绘制测绘图、绘制纹样轮廓线以及着色的顺序逐次推进。但是，这样花费的时日比预想中多，因担心之后的调查时间不足，便中途更改了调查方针，只进行几页完整的装饰图绘制，其余以简单的写生着色来辅助记忆。

然而，故宫中各建筑装饰纹样及色彩变化极少，所以此次能够不留遗憾地完成调研。

此外，我等一行人中有摄影师小川一真，需要他进行摄影的部分有一个大致的计划。因此，我不用再拍摄，只专心对必要的部分进行实测。其中，多数的彩色图（除了缩放的纹样图）是将实测图作为底图净写的版画，版画以照片、写生簿作为参照，对纹样轮廓进行修正，再根据记忆进行配色。所以，我并不敢保证完全精确，只能说是较为接近真实的装饰图集。

第一章　皇城建筑装饰纹样

现在针对装饰纹样进行说明，首先对其纹样绘制的装饰方法进行记录。可以看出，北京皇城建筑主要采取两种装饰方法：彩绘和雕刻。下面，对其纹样使用的位置和材料进行分析。

一、彩绘

柱子以上的部分，即屋顶部分，为了防雨水均在建筑各部分内外全部以彩绘装饰。主要有如下各部分：天花板、穿插枋、梁、檩、由额垫板、平板枋、斗拱、拱垫板、柱子上部、檐椽、飞椽及望板、墙壁、麻叶头、(仔)角梁。

二、雕刻

建筑上除了对殿门的腰垫板、菊花头和云形菊花头等进行雕刻，并没有其他多余的雕刻，而在石栏、石阶等以及器具上则有许多雕刻，尤其在佛教器具上雕刻着最为精巧的装饰。此外，居住功能的宫殿多滥用雕刻，主要集中于金属雕刻（图样中暗绿色部分）。最精巧的雕刻是木雕（图样中暗褐色部分），其次是石雕（大理石），这些都十分稀有和珍贵，能发现一个已十分难得。但是，大多数雕刻做工较拙劣（均已剥落，仅剩一些淡墨颜色）。物件的大小不同，雕刻的巧拙也有差异，其中体积大的精巧器具极为少见，体积小的器具却可以看出雕刻技术之高超。现以雕刻的种类为依据，列举其使用位置：

1.线雕：器具，腰垫板的彩瓦。

2.浅浮雕：石栏垫板的边缘，石阶的踏面及石头的边缘，雕塑物的基座，器具，屋顶瓦面。

3.深浮雕：石阶中央的石头，石栏的垫板及柱子的顶端，影壁使用的彩瓦，宝座的大部分，天花板，殿门的垫板及金属构件，殿门的八只金属物件。

4.透雕：宝座的靠背，高栏石柱的顶部，器具。

5.圆雕：石栏上的凝宝珠，基台上的脊兽，雕塑物上的动物，器具。

6.彩雕：雀替，菊花头，云形菊花头，山花。

如上所述，在建筑台基以上的整体部分是以彩绘进行装饰的，从屋顶瓦面到属于建筑物附属部分的屏风进行整体的着色，所以皇城建筑被称作彩色建筑也不为过。因此，本报告主要分为装饰纹样和装饰色彩两个部分进行详细说明，其他的部分只进行了大体的分类。此外装饰色彩部分所用的纹样变化较少，图样中主要采集了变化较多且具有精巧纹样的雕刻器具进行示例。

另外，万寿山昆明湖中有用巨大的白色大理石制作的船形凉亭，其中有用"彩色玻璃"进行装饰的部分，但除了这座建筑使用此材料，其他的建筑尚未发现，因此省略了不作阐述。

第一节 纹样种类

紫禁城中使用的纹样种类主要有三种：自然纹样（包括动物、植物、天体或自然现象的纹样）、几何纹样、人工纹样。

若想正确地对纹样进行分类，必须对其性质进行详细调查，追溯其起源并进行充分研究，找寻其发展的路径并明晰相互关系，同时需要与其他国家的纹样进行比较研究。这是调研中最有趣但也是最难的工作，不是一朝一夕可以完成的，尤其是我们还要以建筑的纹样为依据来判断建筑建成的朝代，所以此项工作需要最为真挚、诚恳的态度。但是，简化纹样将其最有趣的部分进行强调，同时将差别的界限进行弱化后，动物、植物的差别就很明显地可以看出来了。因此，我们现在尝试逐渐探究纹样起源。当遇见个例或是纹样不特别清楚的部分时，我们对其起源进行假设，以植物或其他东西进行想象，然后将其纹样进行简化后大致分类。

一、自然纹样

1.动物纹样（第一图，第66–77页）

动物多为灵兽、灵鸟或不知名的生物，如多用龙、凤凰、狮子、麒麟、饕餮、马等。其中，龙有鱼鳍和翅膀。动物纹样中使用最多的就是龙、凤凰、鹤、龟、虎、羊、象以及一些不可识别的鸟兽，还有一些较为奇怪的动物。其他位于东、西两路各新建的宫殿，尤其是后宫的宫殿使用了很多蝙蝠的纹样。同时，使用白鹭、燕子、鲤鱼等纹样，或其他鸟兽类纹样时，也能看到一些虫类纹样一同出现。下面举实例介绍使用这些动物纹样的位置，并加以简要说明。

（1）龙：天花板、穿插枋、梁、檩、由额垫板、平板枋、柱子的上部、四天柱的全部、拱垫板、（仔）角梁、壁面的边缘；宝座的大部分及其上部的天花板、殿门的垫板；石栏、石阶、宝鼎、石制台座、门扇上的金属构件、器具等，用在椅子上的衬布及床上的被褥，屋瓦。

如上所述，龙这一纹样几乎在建筑的内外所有部分均有运用，乍一看以为皇城内的装饰只有龙这一种纹样的想法大概也是能够理解的。

（2）凤凰：在建筑物着色的部分完全不使用，因而与龙相比使用的部分极少，在紫禁城中路上使用凤凰纹样装饰的只有交泰殿（第66页图B）和坤宁宫（第67页图C）这两座建筑。虽然其他位于东、西两路的佛堂等也有采用凤凰纹样装饰（如第67页图D），但大多数均与龙交替使用。其他各宫殿中若有宝座，在其上部的天花板或是石栏的柱子顶部，凤凰均与龙一并雕刻。除了特别的一到两处，凤凰这一纹样大多数与龙出现于同一位置。

现将上述龙、凤纹样在色彩运用上最相通的部分进行列举，如第66-67页图A、图B、图C、图D所示，其中图1至图8中的图1是正面的龙纹样，图2是正面与侧面的结合，图4是向上飞的龙和下降的龙，图3与侧面的龙连续交替等，即使在细节上姿势与其他有两三点不同，也不过是形态上略有差异而已。凤凰纹样除正面外，其他基本和龙的方向一致（图5、图6、图7、图8）。如上所述，凤凰纹样很少单独出现，通常与龙交替使用，即使单独出现，附近也一定会有龙、凤并用的纹样，可见龙、凤不可分割之关系。

此外，有一个需要注意的现象是，大多数的龙都闭着嘴，如第77页图33-3所示；张着嘴的龙十分少见。另外，还有龙的爪子伸缩的姿势，但大多变化不大，此部分将会在装饰色彩一章详细说明。

在以龙（第68页图12）、凤（第70页图18）纹样为主要装饰的建筑物中央的石阶两侧，有带鱼鳍和翅膀的龙（第72页图22、图23）、狮子（第69页图16、图17）、麒麟（第68页图13）和马的纹样（第68页图14-1、图14-2，第69页图15），并在踏面上交替雕刻。但屋顶角落的瓦片上没有这些动物纹样，主要是以骑在凤凰上的人为先导。例如，太和殿中有这种所谓人兽的东西，有时它们的面部在这列宫殿中很难进行辨认。这种兽形物体被称为脊兽的正吻、旁吻以作为建筑的装饰（第67页图1至图11），基台的角落装饰的怪兽（第67页图1至图11）仿佛石像怪。石头或者金属雕刻的饰物有狮子、鹤、乌龟等，一同配置于建筑物的前庭。其他位置还放置有龙、鹿，石阶上有老虎（第71页图20）、鹤和带翅膀的羊（第71页图21），天花板上有蝙蝠、鹤，法器的腿上有大象等十分稀少的装饰。饕餮纹样主要用于宝鼎，如法器或桌子等家具上（参照第108-114页图1-1至图17，以及第119页图27）。

蝙蝠纹样经常使用在窗及窗框（如第73页图26-1、图26-2）上，用于格子窗的格子之间以代替窗框。此外，门的垫板及家具类中也有使用蝙蝠纹样（如第72-74页图23至图32）。梁、穿插枋、檩等，也有使用白鹭、燕子等各种鸟类以及鲤鱼的写实装饰。

此外，如第68页图12、图13，第70页图19，第72页图22，第75-77页图33-1、图33-2、图33-3，选择了富有趣味的纹样。其他位置也收集了较为有趣的装饰，但石阶的雕刻装饰大多较难收集，如第68-71页图12至图21，因此没有收集类似的较拙劣的装饰彩绘。

2.植物纹样（第二图，第78-91页）

对于植物纹样来说，运用较多的是牡丹和莲花，两者使用的频率之高，与龙、凤在动物纹样中的使用相当。然而，若以纹样的使用面积进行比较，相较于龙、凤的大面积绘制，牡丹和莲花只在非常少的部分绘制，可以说是在未进行龙、凤装饰的剩余部分中布满了以上两种植物的装饰，如紫禁城中路各宫殿的殿门均如此。但是，太和门和午门却在使用了普通的龙纹的同时还使用了藤蔓纹样（唐草），牡丹和莲花这两种纹样大概是在器具类及其他部位上使用最多的植物雕刻主题了。

在紫禁城东、西两路的各宫殿中，代替龙、凤凰的是如桃树、李树、松树、竹、梅花、兰花、葫芦、石榴、葡萄、藤蔓、菊花和佛手柑等植物纹样。总的来说，在花卉植物中，像对动物一样进行写实描绘雕刻的，还是以莲和牡丹这两者居多。

由于对莲花和牡丹这两种植物进行了简化，很难一眼辨识这些雕刻到底是什么植物。此外，与莲花和牡丹根茎相连的还有许多藤蔓纹样或宝相花（一种植物图案），而将其全部称为藤蔓纹样更为稳妥，若将其进行细分则恐怕会陷入错综复杂的情况，因此只能对植物纹样进行概括展示了。

例如，第78页从图A至图S示例的是最常见的植物，从图A至图I是到目前为止见到的牡丹和莲花的纹样的汇总，图J、图K、图L、图V的纹样来自不同植物，而图J像是菊花，图V像梅花。现将两者做关联性思考，可以推测从图F的牡丹开始，一度变为图I，接着又变为图K，而其花伸长后即变为图J。因此,图J、图K也应归为牡丹,而由其他的植物演变而来的仅有图L、图V的两三种而已。

接着,介绍一下藤蔓纹样的变化。起初,我们以为它的纹样是由些纹样各异的曲线组成,经过仔细观察后发现,其是由相似的纹样互相连接组成的,不能把其归类为牡丹藤蔓纹样、莲花藤蔓纹样等。

现在通过图形来描述我们的构想:将图M除去花的部分,将其余的部分进行少许的放大即从图N到图O、图P,接着再将图P进行扭曲变化后就变为图R;也有根茎非常粗壮的如图Q较为雄壮的藤蔓纹样,以及图S的藤蔓纹样的形状从图Q、图S变为图T、图U,而这种藤蔓纹样的根茎在水涡中,叶子则是圆形的水珠状。可以猜想的是,这是雕刻者联想到了用水的漩涡来描绘藤蔓纹样。

其他的藤蔓纹样也往往都非常有趣,但各种纹样性质大同小异,重要的是此种类别基本用于室外装饰。

第78-91页的图1至图62,均依据其植物形状进行分类,以便于与第78页图A至图V对照。若按照以上构想进行推测,用于建筑装饰的植物雕刻分为莲花藤蔓纹样、牡丹藤蔓纹样以及名为宝相花藤蔓纹样。其中,除写实的植物纹样,抽象的纹样不过两三种。

现在列举主要使用莲花、牡丹简化的藤蔓纹样装饰的情况,如梁、穿插枋、檩、拱垫板、由额垫板、麻叶头、檐椽、飞椽、宝座、雀替挑出、菊花头、殿门的垫板、殿门的金属装饰、腰垫板瓦片的边缘、影壁上的彩瓦、雕塑物的基台、石栏杆、石阶的边缘等。

此外,在家具尤其是金属制成的器物中也多应用莲花、牡丹藤蔓纹物,尤其在花瓶等镶嵌纹样的物品中应用最多。

在其他情况下,从第六图的图A至图M、图O、图P(参见第108页)等均运用在梁、穿插枋等彩色的部分,与动物纹样一同组成彩色装饰部分。

3.天体或自然现象纹样(第三图,第92-93页)

对于天体来说,主要是日、月的纹样,如在塔顶或法器中可以看到。永安寺塔顶上能见到的最多的首先是云（第92页图A至图N），其次按顺序为水、波浪（图O）、山峦（图N、图P）、岩石（图Q），同时这些纹样很少独立使用，大多与龙、凤在同一情景下使用，抑或是与龙、凤相关联的东西结合使用。

图M主要用于石栏，图N主要用于石阶、石栏主柱的顶部，图L、图N、图O、图P、图Q多用于石阶的踏面。其他如天花板、梁、穿插枋、檩、机枋及望板等属于彩色的部分，全部按照以上规律应用。

例如，第92页图4像莲花一般的云形状可以看出是在变化的，随着物体或场景不同可能会变成同第93页图5、图6、图7一样的形状，甚至可以变成与图10一模一样的火焰状，并且最多可拥有从图A至图Q的形状。不过，图1、图2、图3、图8-1、图8-2、图9仅作为参照展示。

二、几何纹样（第四图，第94-103页）

几何纹样大致分为直线型、曲线型两种（参见第94页）。属于直线型的包括正方形（图A、图B、图C、图D）等，而图D就是所谓"蜀红"（也称"锦"）的样式，并且其中以六角形（图E、图F、图G、图H、图I、图J、图K、图L、图M）、菱形（图N、图O）、八角形（图P）、万（卍）字形（图Q、图R）、"囍"字形（图S）以及回纹式纹样（与连续的万字形相同性质直线连在一起的纹样，图T、图U、图V、图W）居多。属于曲线型的有圆形（图W、图Y），俗称"佛教七宝"（图Z）；还有椭圆形的（图β、图γ）以及类似（图α）的纹样。

几何纹样中用于连接太和门和左右回廊的檩及大额枋用图D，东、西两路新设的诸殿和西苑内的诸殿等用图P、图R等纹样。其他多用于雕刻的地方，主要见于器具（图T、图U、图V、图W）和狮子雕塑等的台座（图L、图N、图Z）、石阶雕刻（图J、图K、图M、图α）、墙裙板的彩瓦（图I）以及殿门的三交六椀菱花（图E、图F、图G、图H）等。此外，图Q用于居住建筑的隔扇，尤其是格子窗的窗框。为了便于参考，此处收集了五十一例图样（第94-103页）。

三、人工纹样（第五图，第104-107页）

人工纹样种类多，使用最多的就是各种宝物，尤其是珠宝纹样（第104页图A）。人工纹样因在色彩方面的优势，多在拱垫板、檐椽的麻叶头等位置使用。例如，图B这种连续的花纹多见于梁，穿插枋的两端绘制成如图D的绳结状或者像花朵一样的纽扣状等；图C这种纹样多毫无秩序地独占整个山花，并将空间填满。其他的如图E至图O和图1至图10（第104-105页）是中和殿、保和殿的基台下端雕刻的无数宝物中选取的局部，均是向七福神[1]祈求开心的宝物，并且还雕刻着争夺绣球的狮子（第106-107页图12至图17）。另外，法器是八宝[2]（第105页图11）和一些有名的东西。其中，八宝大而珍奇，图案呈圆形，常常会被用于装饰，并且会在小门柱台上部刻出怪兽的面部形状（第107页图19）。

许多佛殿的屋顶为佛塔的形状，万寿山众香界（第224页图9-1，参照第二十八图［第230-231页］）、雨华阁（第224页图10）及钦安殿屋顶（第107页图18）是此类建筑中最著名的，与八宝一样作为法器被广泛运用。

东、西两路的诸殿或者门板上刻着花篮，在由额枋间的垫板上绘有卷轴、书籍、书柜、桌子、文具、花瓶及茶具等生动的写实纹样，但这些装饰纹样采用仰视视角，令人感到非常不可思议。动植物或者器具等被完全写实地画出来，这是在东、西两路的诸殿中尤其是新设的宫殿等多处采用的特色，如万寿山和西苑的建筑装饰就采用了完全相同的方法。

----

[1]七福神，是在日本信仰中被认为会带来福气、财运的七尊神明，一般是惠比寿、大黑天、毗沙门天、寿老人、福禄寿、弁财天、布袋和尚，整体形象类似中国的八仙。——译者注

[2]八宝，又称八吉祥，即"佛教八宝"，象征佛教威力的八种物象。由八种识智即眼、耳、鼻、音、心、身、意、藏所感悟显现，被描绘成八种图案纹饰，以作为佛教艺术的装饰。清代乾隆时期，将这八种纹饰制成立体造型的陈设品，常与寺庙中的供器一起陈放。八宝，简称轮、螺、伞、盖、花、罐、鱼、长。——译者注

第二节　纹样组合

在纹样的配合方面，毋庸置疑，龙大多会与云相配。在很宽阔的地方，除了这两种纹样，还会在下端补充山、岩石及波浪等纹样，火焰和宝珠也常常伴随左右。龙也可与凤凰相配。在有珍珠玉石或者牡丹花装饰的由额垫板或相邻的拱垫板上，龙、凤可交互排列，这样恰好形成龙配宝珠、凤凰配牡丹（就像日本经常将桐树与凤凰相配）。

其他石阶装饰，用动物纹样如狮子的时候常让它们做抢球状，而其余的部分用几何纹样雕刻，或者用岩石或牡丹来搭配。最普遍的搭配组合是麒麟与山、云，马与波浪，波浪与带有翅膀的龙，云与鹤等。

蝙蝠常用来装饰天花板，常与云搭配并一起被雕刻在建筑物上。一般情况，蝙蝠常与"壽"（"寿"的繁体字，后同）字配合，因为蝙蝠的"蝠"与"福"同音，所以多表示福寿的意思。此外，蝙蝠也可与仙桃相配合。其他的也有像柳树与燕子、水草相配，锦鲤与莲花、白鹭相结合等的花鸟画，而且文人所画的楼阁山水、人物画或许也可以与人工器具等图案搭配起来。

下面，就上色与纹样的搭配进行讲解。

在所有情况下，首先会选择龙纹样，或者龙和凤，它们要占据大部分的位置，其他相搭配的牡丹及莲蓬草作为补充出现在其他位置。这种构图出现于紫禁城中路部分的诸殿中，也表明了这是皇城建筑中最常使用的手法。

除了龙、凤及牡丹、莲蓬草外，以各种花鸟画、人物画、山水画等纹样占据大部分位置，并搭配器具类纹样填充剩余位置。这种构图法多用于紫禁城东、西两路的后宫诸殿。万寿山离宫的长回廊也是按照这个方法，而且这些纹样均非常写实。

总之，完全按照第一种方法，并在第一种方法之上加入几何纹样，或者还会使用第二种方法，利用一些写实的动植物及器具图案。这是紫禁城新设诸殿的装饰方法，而且位于西苑的瀛台诸殿也是依照这个方法。

第三节　简化

简化（第六图，第108页图A至图γ以及第108-149页图1-1至图164可供参照），就是将所有的物象都适当图案化，将其转变成装饰性图案。在装饰中，简化是最必要的一环。此处对最常使用这个方法的动物纹样以及植物纹样进行论述，其他纹样将不做论述。

动物纹样　在彩色的部分中，龙和凤凰只稍微做了简化处理，还从未见过其他动物纹样像这两种动物一样写实的。然而，石阶、置物台（第108页图L）、器具（第108页图W、图X、图Z）中使用的物象常常被简化，如所谓龙的藤蔓纹样等有名的纹样。此外，在器具尤其是法器、桌子、椅子脚等物品上，以饕餮（第108页图E、图α、图γ）作为纹样装饰的时候，简化后变化之大常常难以认出画的究竟是什么。

植物纹样　牡丹、莲花是最常被使用的，它们的变化也非常自由，满开的花、半开的花、花蕾、花萼、花瓣、叶子、茎等都可以被巧妙地纹样化，表现出像水、云般的形状，甚至简化到最后看不出起源了。例如，第208-209页图1-1、图1-2、图2所示的雀替的藤蔓纹样，其实是牡丹的幼芽。

在雀替复杂的形状中轻易填充入雄伟挺拔的茎叶，能够做出这样非常自由且有力道变化的藤蔓纹样图案，最重要的一点就是构思与熟练度。第一，要注意避免毫无意义的、缺乏生气的延伸或使它突然弯折。第二，两线互相交叉或者相会时多设定其角度为直角。例如，第158-159页图25和第184-185页图1、图2、图3-1、图3-2中用的藤蔓纹样图案就满足了以上各种条件，并且是没有遗憾的一个好范例。

　　已就第二图（第78-91页）植物纹样的变化进行了说明，现在就第六图图A至图γ（第108页）进行讲述。这些图上是牡丹、莲花、龙、饕餮等一众被简化的纹样，其中起源不明的纹样有两三个。

　　图A中，原本多为花心形的藤蔓纹样形状发生了变化，呈火焰状。这是图H、图I、图K、图L、图M的图案由来，图J可能也是取自花萼的图案。

　　图B是牡丹花瓣背部相连接的图案，其像图C一样从中间开始左右并列，像图D、图E两端的形状（图D′、图E′）。此纹样多用于柱子上部的金兰卷和金属制品等。

　　图N、图O是最常用的莲花瓣形状，此纹样是图P纹样的由来。与图Q稍有不同，此纹样简化成图R、图S的形状，图P、图Q两端的形状是近似于图D中央部分的龙纹；或者与图D的形状相比，此纹样与图G的形状更像。同时，图P、图Q、图V的纹样与桌子、椅子、其他硬木的台子类工艺品等的主要纹样内容统一，而且图L、图M也被认为有类似的纹样。

　　在龙纹方面，首先比起像图V一样的藤蔓纹样或者变化成图W的样式，也可简化成像图Z或者图Y的纹样，甚至简化成如图β一样的花篮状。

　　像图α一样，饕餮的面部可呈现为一种不可思议的零散纹样充满整个空间。饕餮的面部图案也会像图γ一样变化，使人甚至怀疑这图案莫非是牡丹花。在图E中，饕餮的面部感觉有点像线状花瓣。

　　图T、图U呈盾形，感觉与莲花瓣有些联系。图F能用于天花板上五金的部分，纹样延伸于五金形状之外。目前，图R、图S的五金制品样式起源的相关疑问还需要再充分研究，只得将尚存疑的部分汇总在附记中。

　　第六图（第108-149页）图1至图164，在动物、植物及其他纹样的简化图案中，可选择比较巧妙的纹样样式将其按类区分，按照相关联的样式排列并在研究纹样的基础上利用好材料。将饕餮的面部简化成一种零散的纹样或者呈图Y、图β一样弯曲的形状，抑或使用第94页图Q、图R、图T、图U、图V、图W的纹样，这是中国人最擅长、最惯用的手

法。同时，它们均用复杂的蝙蝠或"壽"字纹样装饰那些根据房屋的性质而配备的各宫殿的隔扇、器具等。在日本，如此奇妙的纹样雕刻也是在硬木工艺品中才能见到。

在新设诸殿有写实的动物、植物、器具等纹样的宝物中，也有许多是拙劣且粗鄙不堪的。其所谓写实作品非常幼稚，与其说是写实的，不如说是根据想象而简化的，完全没有什么思想。

总的来说，动物不论怎么被简化，与植物相比而言，其形态也非常拙陋。日本正仓院的各种圣物等的装饰，若与中国唐朝时期传承的装饰内容相比，几乎可以说是没有颜色的。

然而，此处有一点要注意的是，如龙、凤等动物纹样在呈现出像脊兽（"鬼龙子"）一样不可侵犯的灵兽、灵鸟样貌的同时，其所带有的动物的稚气也被诙谐地表现出来——露出不论几百度以上炎暑或零度以下严寒都不在意的表情，从房顶上向下睥睨着。还有，与这种样子相反的怪兽则蹲在基台的一角，表现出苦楚、不快的样子。陈列的鹤表现出天真无邪的样子，个头有限，令人生怜。此外，陈列的狮子也可以称为杰作。总之，与写实的东西相比，中国人更擅长通过想象来创作。

虽然已经就纹样的利用以及应用情况进行了概括，但是如何根据纹样的不同在一个地方进行填充，抑或是如何进行配色，将在下一章色彩的部分中针对天花板、梁、穿插枋等一一细说，并补充省略的内容。

第二章　皇城建筑装饰色彩

如前所述，皇城内的宫殿建筑几乎没有不上色的部分，即所谓极彩色建筑。下面，就色彩进行分项细说。

第一节　色彩方法

色彩，如何在建筑物的各部分中运用呢？首先，针对色彩的上色手法进行叙述。除了已经在纹样部分介绍了木材运用色彩的情况，其他作品还有如下文所示的两种情况。

一、梁、穿插枋等相关上色手法

不使用刨子，将木料用布盖上后，在上面涂上灰泥（一种比较硬的泥土，涂的厚度大概在一分[1]左右）并使表面平滑，之后在上面附上白胡粉画纹样，待画的纹样达到一定强度后，利用红胡粉和胶的混合物进行上色（参照第七图，第150-159页）。柱子或门就是用这个方法反复涂泥，当厚度到达五六分至七八分时再涂抹类似朱漆之类的颜料，而且横梁、柱子等很大的材料都需要用铁环将数条木材组合并绑在一起。

---

[1]分，一种传统的度量单位。"一分"，相当于0.33厘米。后"尺、寸、厘"类同。——译者注

二、标准的天花板等相关上色手法

在纸上先盛好胡粉，将纹样画出后，将胶和溶剂附在上面，用泥绘的工具上色。之后，将其紧紧地附着在木材上并用钉子固定住，这也是与上一方法的不同之处。若边缘需要用五金制品的话如第160页图1的e所示，还要贴附A、B纸片并用钉子固定。

不论选上述两种中的哪种方法，都只是材料用途的差异，而在上色的方法上没有任何不同，所以其结果也都呈现出一样的外观。总之，在各个部位都完全看不到木材本身，因为木材的每一面都已经用颜色遮住了。

这样运用色彩的方法非常单纯，虽然许多这样上色的部分之间都会隔着一些距离，但也突出了该被看到的部分，并呈现出艳丽的景致。然而，一旦用梯子升上去近距离观看，类似灰泥的面上产生了大大小小的裂隙，其间有类似松脂之类的胶状物漏出，因其黏着性使上面沾满了灰尘。此外，由于太和殿之类的地方有鸽子群在殿内筑巢，殿内除了灰尘还有鸟粪。同时，天花板边缘及格子之间贴附着的许多纸也都脱落了，纸片在天花板上悬挂着。第167页图14是西苑万佛楼天花板上一大幅纸的局部，没有边缘，只是在平坦一侧贴着的方格进行固定，符合其边缘的地方只是用直线进行限定，并进一步用金属构件将纸片粘贴，这就免不了其有一层容易剥落。例如，第166页图9、第167页图13所示，也是运用了同样的手法。

以上所说的部位的色彩虽然有污秽剥落的现象，但就算是今日仰头进行观看，依然还可以窥见它们的艳丽，也可据此推测出当时建筑物竣工时曾是何种程度的浓艳华丽。若将此手法进行较为简单易懂的说明，则或许可以称作所谓油画的东西吧。

面向室外部分的彩色装饰，如柱子、穿插枋、雀替等，就算它们有屋顶进行遮蔽，多少会由于风吹日晒导致其出现侵蚀而全都褪色。例如，中和殿、保和殿、太和殿的外部以及午门，都呈现出古老薄木板屋顶的颜色。更有甚者，一些建筑雀替的布片和涂泥都有所脱落，也有一些位于柱子下部的木材与其铁轮一同暴露在空气中。第226-227页第二十六图是现存乾清宫建筑的写生，最大限度地保留了其原有的色彩——此宫殿的色彩不会超过图中所示。尽管如此，破损之处仍有很多，但幸运的是这种底层覆盖物的方法被详细地记录下来，对研究起到了很大的作用。简而言之，其手法非常粗放，仅使用单调的配色方法，乍一看其外观的艳丽会让人以为使用了非常巧妙致密的技巧进行施工，然而内部却用的是泥料等材料。诸如此类的技法是绝对无法想象的，即俗话所说的"徒有其表"，近看的话实在是不得不对其粗漫的技法感到惊讶。

第二节　色彩分类

若要将色彩（参照第七图，第150-151页色彩分类表）像其他的东西一样进行精准分类，多少是有些困难的。起初还能对建筑物内部的颜色进行记述和分辨，但建筑外部的颜色就较难辨认了。对于建筑物内外同样绘有色彩的部分，其装饰的方法大体相同，可以通过内部装饰来推测外部的色彩，但是内部的装饰都经历了很久的年月，肯定会有一定的变色。所以，我们只能根据所能看到的直接观感，并按照西洋水彩的颜色进行分类。

同时，颜色会有不同色彩的调和以及浓淡的变化，其结果导致了巨大的色差。此外，不同的建筑又有差异，如果依据分类表揭示的色彩进行调和的话，据说可以得到相对共有的颜色，但一定会有此表中没有记录的颜色。表中最初记载的颜色是在调和中运用最多的颜色，即青色1和"靛蓝"调和成紫色，青色2是美丽的紫色加上少许"靛蓝"变成带有一些暗色的色彩。运用红、黄、蓝三原色得到"普鲁士蓝""胭脂红""藤黄"，并将其两两进行调和，则得到了绿色、紫色和橙色的三间色，这是普通装饰所运用的色彩调和方法。在中国，无论是作画工具还是对颜色的运用，都与日本的画具和用色在性质上没有什么大的区别，不存在像上述的西洋水彩画的颜色使用方法。其颜色大多是将三原色与三间色用相同的强度占据装饰的大部分，并极为稀少地运用白色和黑色以及茶褐色。然而，在极彩色部分中的黄色，大部分都会被金色代替，运用青金、红金这两种颜色。此外，青色2和3，与其附近黄色金泥的光辉相对照使用时，即使看起来像紫色，其带有红色的成分也很少，反而青色成分较多。因此，为了方便起见，将其归纳在了青色中。

为了方便，青色1、2以及4均在同一位置进行使用，只是根据建筑物不同的时代将颜色进行了三种分类。

几乎所有的颜色均用胡粉进行混合制造，这些颜色失去了光泽而只保留了一层淡彩色，白色则是直接运用胡粉进行彩绘。

除了附表中记录各种颜色的配合使用之外，附记还记录了其不同的使用情况，可与附表中进行一一对照。但是，使用金色时需要区分红金和青金，单说金色是没有意义的。

第三节　不同种类的纹样所对应的色彩组合

与第一章叙述的纹样种类相对应，现在对不同纹样的色彩使用规律进行叙述，并根据使用位置不同对色彩的搭配进行一一说明。但是，对于完全写实的纹样，则对其颜色进行了省略。

龙、凤凰、莲花藤蔓纹样、牡丹藤蔓纹样的配色：

龙　位于保和殿内部中间的梁上（第184-185页图1），全彩色，外部全部用金色进行涂饰。凤凰也是如此。

藤蔓纹样　位于雀替上的菊花头等位置，除了中和殿、保和殿、太和门以及午门的梁、穿插枋等，均用金色进行涂饰。

　　其方法首先是对轮廓以及内部用胡粉进行整体描绘，待充分隆起后将其轮廓内部涂满金色，隆起的部分可以看到闪闪发光的色彩，尤其是龙、凤的眼珠用白色胡粉点睛。这样就形成了散发着金色光芒的龙、凤凰，散发着青色、绿色光芒的莲花藤蔓纹样、牡丹藤蔓纹样，以及闪闪发光的红色地面。（参照第153页图6，以及第158-159页图25，第170-171页图5-1，第172-175页图5-2、图5-3、图5-4、图6-1、图6-2、图7-1、图7-2）

　　金色也用于其他情况，如轮廓线、边缘以及不同空间的分界线处，以及如图所示隆起的部分（参照第153页图5-1、图5-2、图7，第154-159页图8至图25）。金色作为边界线使用时则会使用两条金线并有少许间隔，而将金线隔开的部分则大多会使用青色、绿色填绘，并紧挨着一条浓厚的黑线（第153页图5-1、图5-2）——这条黑线有阴影一样的效果，也使得金色的边界线仿佛更加凸起。

　　青色1、2，绿色1，红色1，橙色以及黑色，茶褐色1、2、3、4用以绘制红金、金色、青金，有浓淡之分。但无论浓淡如何，当金色轮廓内有彩色纹样时，总是先用金色勾勒出轮廓，紧接着绘制细细的白线，并按照淡色、浓色、深浓色的顺序绘制，颜色浓度逐渐加深，多需要从金色开始往复绘制五次。[1]下面，根据色彩进行一一说明：

　　红色纹样的顺序，是金色、白色、淡红色、深红色和浓深红色（第152页图1）。

　　橙色纹样的顺序，是金色、白色、带有黄色的淡橙色和含有较浓红色的橙色，以及最浓的深红色，有时也会使用红色与橙色调和的颜色。最难以区分的是淡色的部分，即虽然称作橙色但到底是与红色调和的颜色，还是与其他强度的颜色进行调和的，这是难以分辨的（第152页图2）。

---

　　[1]后文将此种技法称为"五返涂"。

当用青色和绿色色系时，最后最深的颜色会用黑色进行涂饰（第152页图3、图4）。

像这样使用浓淡五种颜色的色彩上色法，主要位于穿插枋、梁、檩、天花板以及柱子上部的云彩纹样（如第154-155页图8至图16）。此外，还有花瓣状的金属构件内部，如柱子的金兰卷（第155页图17、图18），以及天花板的金属构件部分，梁、穿插枋的边界（空间之间的划分），也会使用这种上色方法（第155页图19，第158-159页图25）。

乾清门和乾清宫除了有如第154页图8至图11所示的红色和橙色外，还有金色、白色、淡彩色，接着是深浓色。然后，再次用淡彩色细线相交，与之前所说的上色手法有所不同，最终展现出来的效果则比色彩浓度依次增加的"五返涂"色差更大。

当上色的场所较为狭窄时，则会省略最后的深色部分，从金色开始涂四个颜色（第156-157页图20、图21）。对于斗拱等的上色如第153页图7所示，在金色、白色后直接用浓色进行上色，其中再加上黑色的线，并从金色开始依次涂四个颜色（"四返涂"）。对于檐椽上的珠宝等用浓度逐渐加深的绿色和青色色系，从金色开始使用"五返涂"的方法，不使用黑色。珠宝的色彩大多数都用的是此种方法（第157页图22），但太和门檐椽上的珠宝则使用金色，以白色、淡绿色、深绿色、深青色和深蓝色的顺序进行六次上色（"六返涂"）；与之相对的则是金色、白色、淡青色、深青色、绿色和深绿色的顺序交替使用（第157页图23）。

梁、穿插枋两端（第174-175页图7-1、图7-2）以及柱子上部绘制的带状金兰卷的部分，恰好也有类似珠宝镶嵌的装饰（在下文中此部分将称为"带"）。对于此位置上的珠宝的色彩如第156-157页图20、图21所示，从白色开始涂四个颜色（"四返途"），黑色与茶褐色调和，逐渐加深浓度，底色使用最深的颜色进行上色，总共需要上色五次（"五返涂"），但在这种情况下并不使用金色。

藤蔓纹样的上色如第157页图24所示，青色的根茎，其中叶子的部分为绿色；与之相邻的根茎也是绿色，而当叶子是青色时根茎则是绿色与青色交替使用。此外，叶子也有全是金色的时候，而黑色是茶褐色根据不同种类的浓度进行调和的。对于青色和绿色，也有交替使用同一种色系不同深浅的颜色。对于轮廓，除了使用金色；也有使用别的颜色的情况。总的来说，不论是什么色，大体上均从金色开始，接着再进行四次或五次上色。

云彩的上色如第92页图C、图D、图E所示，用金色进行形状的勾勒，其他的部分与龙纹样配合，一起用红色填充底色部分（由额垫板、内部的木板），而山、海浪和云都使用金色。

所以，配色的方法大体可以分为如下四种类型：

第一，用金色将纹样整体上色，或者使用青色、绿色、橙色、红色以及不同深浅的黑茶褐色进行多次上色，最后用青色、绿色和红色将底色进行填充。

第二，底色用青色、绿色以及红色进行填充，通常使用这三种颜色中较浓的颜色，对这三种颜色的浓淡程度进行记录的话则皆为深色。在后宫的各个宫殿中，多用红色来代替青色形成红绿对照的效果。

第三，轮廓、边缘、空间的分割线都使用金色进行勾勒，轮廓线和分割线有时也会用黑色代替金色进行上色。

第四，在任何情况下，青色、绿色以及橙色、红色都一定是互相交替的配色。当这四种颜色并用时，通常是以普通的绿色、红色、青色和橙色的顺序进行反复排序。在使用黑色和茶褐色时，通常会交替使用其浓色和淡色，或者将这两种颜色进行交替使用。

此外，对青色和绿色、橙色和红色使用的各个部分进行进一步详细说明：

一、天花板（第八图，第160-167页）

天花板总体来说均为藻井天花板，现以第160页图1为例进行说明。

藻井的边缘（图1中的a）有金属构件的部分会按照如图1中的e所示进行装饰，而在两个藻井围成的空间中用两条金线在正方形内画入圆形，将平面分为三个部分（图1中b、c、d）分别进行装饰。c部分的四个角嵌入如图1中f所示的图案，d部分则装饰普通龙纹样。

普通藻井边缘的a部分、b部分则通常用纯色进行填充，一般填充绿色，c部分通常用接近淡青色的颜色进行填充，而龙所在的d部分使用c部分的青色作为底色。

有金属构件的e部分的中央绘饰了花心状的纹样，一般b部分用绿色填涂，并且在a部分的中间加上一点白色。整个e部分和f部分、f′部分或用青金、红金进行涂饰，或用橙色、红色和青色这三种颜色进行五次上色，而f部分的配色一般都会遵从f′部分的颜色。

中和殿天花板（第161页图2）b部分的空间较为狭窄，天花板木格的边缘会稍微细一些，即用纹样整体的比例以及色彩的配合互相适应来弥补这些缺点。同时，这座建筑可以充分采光，更增加了室内的美观程度，使人产生一种庄严肃穆的感觉；尤其应该注意的是中央部分龙纹样的形态，气势非凡，栩栩如生，并且右爪自上而下的自然取向表现出充满动感的逼真形象。保和殿（第162页图3）、太和殿（第163页图4）也是如此。乾清宫（第160页图1）、太和门（第165页图6）的龙的右爪自下而上，整个纹样非常大，失去了其中的妙趣，被故意做成了不自然的纹样，尤其是龙尾非常僵硬，这是一个明显的缺点。乾清门（第164页图5）上是两只上升和下降的龙，交泰殿（第166页图7）是龙和凤凰组成的纹样，但不论是什么纹样都绘制得很拙劣，与乾清宫相比相差甚远。

中和殿天花板上金属构件的部分，中心部分用红金进行绘制。但此宫殿在青色填充的a部分没有白点，其他部分都用青金涂饰。f部分搭配橙色、红色、绿色、青色这四种颜色，并从青金的外轮廓开始进行五次上色，而红金则极少使用。中央朝向正面的一条龙一般用青金色，珠宝、云彩以及方形和圆形的边线均使用红金进行涂饰。其中，a部分龙的底色用高贵的青色填充，而c部分的空间则用特别亮眼的青色，b部分则用较为淡雅的颜色，如此将色彩的对比呈现了出来。

保和殿（第162页图3）的天花板是最古老的样式，恐怕自从建造以来一次都未曾进行过修复，其均是极为陈旧的配色，丝毫没有运用橙色和红色。金属构件的部分是将青金和红金混合使用；中心的b部分使用青色，其中有白点存在；中央朝向正面的一条龙用红金进行绘制，只是它的毛发和火焰用青金进行绘制。此外，f部分与e部分用相同浓度深浅的金色绘制，龙的底色则用如a部分浓度的颜色，c部分则用较为淡雅的颜色。

针对如上所述的配色，其结果必然呈现出低沉的色调，或者甚至说有些压抑的倾向。然而，梁的下端经常使用丰富的暖色进行涂饰。对于所有的天花板来说，若是论及色彩的调和与比例的协调的话，中和殿的色彩纹样相对来说更加优秀。

在太和殿（第163页图4）天花板的格间中，c部分的剩余空间过于宽阔，使其内部的圆形相对狭窄；四个边角的f部分面积较大，从而使得整体的比例略显不协调。在配色上，e部分以及龙身用红金进行涂饰，这一点与保和殿完全相同；f部分的配色与中和殿极为相似，只是其颜色稍微缺少了一些沉着冷静的特点，而与龙配合的云以及珠宝使用青金色。

在乾清门（第164页图5），金属构件的e部分只有中心用了青色进行涂饰，其他部分均用深浅不同的金色。在这座门上，青金色的轮廓内部施以橙色、青色、红色三种颜色进行"五返涂"绘制，f部分则是用青金色勾勒轮廓后以橙色、红色、绿色、青色进行"五返涂"绘制成如图所示的配色。若与中和殿、太和殿相比较的话，绿色和青色这两种颜色的配合则有少许的差异。龙的底色使用十分华丽的青色，而c部分在青色上会少许带有一些淡淡的绿色；天花板木格的边缘以及圆形和方形的轮廓均用青金色进行勾勒，各部分的比例与乾清宫（第160页图1）几乎完全相同，b部分、c部分以及天花板木格边缘的d部分三个部分的关系没有变化，缺乏一些趣味性。此外，上升与下降的两条龙的形态依旧不自然，爪子的变化程度也不一致，总的来说与中和殿、保和殿相比有明显的缺陷。

乾清宫（第160页图1）、交泰殿（第166页图7）的纹样比例以及配色虽然与乾清门不尽相同，但仔细观察的话多少会发现存在一些差异。例如，乾清宫的纹样是一条面向正前方的龙，其中珠宝的颜色是用红金进行绘制，而c部分的颜色接近于深蓝色。此外，交泰殿的金属构件部分，其中心使用金色进行填充，但其外轮廓则用黑线代替金色，而中央是龙和凤凰两者进行配合的纹样。

至于太和门（第165页图6）的纹样，可以说是完全缺乏对各个部分比例的整体思考，无意义地将整个天花板木格边缘进行扩大，使得木格的格间十分狭小，而中间的圆形图案更是小得可怜。金属构件部分的色彩调和也失去协调，尤其是充满了青色和绿色（大量含有翡翠绿色），并一直延续到了c部分；使用绿色的e部分和f部分是从黑色的轮廓开始，采用"五返涂"的上色方法；金色仅仅占据其中一小部分，而e部分中本该使用橙色的部分则被带有暗褐色的红色代替。

对于中和殿、太和殿、交泰殿以及太和门，其上色方法是"五返涂"，并按照顺序色彩的浓度依次增加。乾清门、乾清宫中只有橙色和红色，以浓色与淡色交替涂饰。当然，上述上色的方法并不仅限于天花板，其他部分的上色也遵循此规律。

午门（第166页图10-1、图10-2）的中央有一座楼门，其天花板（图10-1）从e部分开始使用绿色，中央的c部分使用青色的底色，用红色来描绘一条朝向正面的龙，而龙角、珠玉、火焰则用白色进行涂饰。不过，用这种手法进行绘制的龙纹样只能在午门看到，其他建筑中没有这样的例子。此外，在午门左右两翼建筑部分的天花板木格上（图10-2），则是在青色的底色中用黑线绘制成"壽"字，用红色的蝙蝠和白色的云彩以圆形围绕，外侧则用茶褐色的底色。再者，中央的c部分的中心原本应该用普通青色进行绘制，此处则用红色代替。简要来说，中央的c部分并没有特别明显的变化，但它的配色方案不可避免地会让人感到不舒服。这或许是由于建造午门的时候使用了较为明显的省略方法，以追求强烈的色彩变化，但最终失败了。

午门的红色运用非常多，甚至整个梁均以红色为底色绘制，但与此同时失去了整体轻快巧妙的趣味。此外，过多的装饰也令人不悦，尤其是在经历了雨水冲刷后依然有很多地方可以识别出这些色彩，这就更加深了这种感觉，而这或许也是其中的一个原因。这种天花板不仅使用蝙蝠纹样进行装饰，而且真实的蝙蝠也存在于天花板下，并在斗拱之间筑巢，与除不尽的繁盛的杂草、荆棘相互交织。登上荒废的楼门，作画时若是听到蝙蝠喧噪的声音，不由得会产生怅然若失的感觉，并能够联想到幼时听过的日本古老时代的妖怪屋敷的故事。

以上就是紫禁城中路部分建筑物在色彩使用上的手法，其他的各个宫殿大致上都与乾清门、乾清宫类似。现在，简要列举一下它们的不同之处：

宝华殿的佛堂（第166页图8），f部分用红色、绿色、青色以金色作为开始进行"五返涂"。彩色的珠宝用藤蔓纹样围住并涂上金色，圆形内部有两只凤凰。

西苑翔鸾阁（第167页图11），f部分使用白鹤的纹样，e部分则使用了藤蔓纹样。

景阳宫（第166页图9），没有木格的边缘，天花板的部分整体是平坦的，只绘制线条来表示木格的边缘，作为木格格间的部分则未绘制方形而只绘制了圆形，内部绘制了白鹤的纹样，f部分则不绘制任何东西。

文渊阁的外部（第167页图12），木格边缘以及方形、圆的轮廓均如下所示：c部分的底色用青色进行涂饰，f部分使用莲花根部发芽的纹样，圆形内部则是各种莲花的写实并与水的波纹相结合。

储秀宫（第167页图13）、长春宫，b部分用红色（不同深浅）进行涂饰，d部分用绿色，圆形内部底色用青色，其中绘制写实的莲花、牡丹、菊花、藤蔓、梅花、水仙以及写实的各种果物等，施以极其杂乱的手法。

可以推测，这样的宫殿大概是和近代修建的有很大的关系，其上的彩绘方法与以前的不一致，许多装饰都没有像乾清门的装饰那样显得那么庄重。

西苑万佛楼佛堂的天花板（第167页图14），其中央的圆形内绘制了莲花，在花瓣及其中心内书写了梵文，周围包围着火焰状的藤蔓纹样。配色上虽然要稍微复杂些，但装饰效果整体还算成功。

乾清宫两侧的各建筑是白色的天花板，其他带有居住性质的建筑也是白色的天花板。

中和殿、保和殿、太和殿虽然表现不明显，但到了乾清门以下的一些建筑，其纹样样式不仅在比例上和配色上较为拙劣，就连技工的手法也粗糙散漫得令人感到吃惊。格间内的方形轮廓大都和木格外边缘没有保持平行，四周的空间也没有保持同样大小，即格间的木板有很多均向一方倾斜（第167页图15-1），而且格间的形状不是正方形，多接近不规则四边形，若是逐一进行测量则各边多少会有一些差异。以太和门为例，乍一看可能将其认为是长方形的格间，但是那些方形有时更像梯形或是平行四边形（第167页图15-2）。

二、大额枋、小额枋、装饰枋以及檩（第九图，168-183页）

这些位置的装饰均是用同一种手法进行的，除了梁有两三处有所不同之外，其他所有的手法均相同。此外，这些也同天花板一样，最引人注目的是使用全彩色装饰，以及不同位置的配色用意。

第一，空间划分的方法如第168页图1所示。首先，中央部分是全长的三分之一，得到如a所示的空间，而这一部分通常将珠宝放置在中间，同时伴有相对的两条龙。其次，如d所示的纹样将不同的空间间隔开来以产生b空间，而此处会分别有一条上升的龙和一条下降的龙，若是两者相对（参见第169页图4-1的b部分）绘制则较为普通。此外，在分割d的边界线的同时，如c所示的熨斗状的部分会绘制金兰卷形状的纹样，并且在这种纹样中一定会有莲花、牡丹藤蔓纹样填充其中。接着，又有如d的纹样带和e所示的方形的空间，其内部同样绘制了平板枋，但此轮廓外侧的四个角产生了空白的空间，而此处与天花板的格间处理边角的手法一样用云彩进行填充，且龙全部均上升且朝向正面。若是从左右两侧向中心则是侧身的龙纹，之后又是同一纹样带d附着在两端，而f空间则被剩下，其宽度则到此为止。

　　檩的剖面一般是圆形，梁、穿插枋的剖面则是长方形，并且其四个角被磨成了曲线的圆角（参见第169页图2所示的剖切面）。它们的内侧面、外侧面和下端均处于同一区域下，有着相同的装饰手法。通常是龙的身体等纹样从内侧面到外侧面又向下，到达下端形成曲线的部分再进一步延伸，而下端有时并不是龙的纹样则是仅用云彩的纹样来进行空间的填充，因此穿插枋、梁看起来比实际要宽。此外，由于檩经常处在被仰视的状态，为了获得良好的装饰效果，下方的装饰就要特别的重视。左右金兰卷e部分边缘的d部分，以及两端的d部分仿佛是相互缔结的纽带一样，将穿插枋、梁的末端通过檩与柱子进行了结合。

　　第二，配色如第169页图2所示，总体的底色用绿色与青色交替填充，空间较大的a、b、e部分最为明显。当a是青色时，b、e则是绿色；当a是绿色时，b、e常常会是青色。所以，d、d′、e、f的部分随着变化时而为绿色时而为青色，并且空间的分割线基本为两条金色线。其中，d′部分是从中心金色线向两端开始施以"五返涂"技法；d部分则是从其两端的金色线向中心开始施以"五返涂"的技法，最后用黑色在中央绘制一条线（第153页图5-1、图5-2）。

　　对于a、b、e部分，龙使用闪闪发光的金色进行绘制，与之相配的云以第154-155页图9至图16等形状嵌入纹样，并从金色的轮廓开始施以"五返涂"的技法；e部分四角的云也是同样的绘制手法，这种云一般是以绿色底色填充，绘制成橙色、红色、青色三种颜色。若是使用其中的一种或两种颜色进行上色，对于青色的底色则使用橙色、红色或绿色这三种颜色。此外，不管使用一种或两种颜色，始终避免与背景色使用相同的颜色（参照第170-175图5-1、图5-2、图5-3、图5-4、图6-1、图6-2、图7-1、图7-2）。e部分绘制的藤蔓纹样与龙大体上均用金色进行涂饰。f部分从d部分金色的色带开始施以"五返涂"的技法，用绿色、青色绘制，最后两端的圆形部分则用黑色进行绘制。

如上所述，总的来说，底色多为青色、绿色等冷色系，并且用暗淡的底色映衬，使得龙、藤蔓纹样以及空间的分界线的金色显得非常光辉夺目。此外，有金色轮廓的全彩色的云彩与底色相互映衬，但为了看起来更加美观便将底色绘制成暗色，从而更加突出了金色的闪烁感，并丰富了纹样的表现力。

第三，如第168页图3-1所示，用长长的穿插枋将柱子分割开来，大额枋与小额枋之间放置垫板。当上下并列有两个穿插枋时则如第168页图3-2所示，小额枋的下部放置斗拱和装饰枋，用较为宽的垫板隔开，其下再次反复设置装饰枋，再往下则是墙壁。当前部有腰垫板时（第66页图A太和殿内部），又在大额枋的上部设置了斗拱。当其上方设置檩时（参见第178-179页图10-1、图10-2），檩、大额枋、小额枋在装饰枋的上下左右并列排布，其整体装饰方案十分简单，不论上下左右其配色以及龙的纹样通常是同一纹样互相交错反复出现，即图中的a和d、b和b′使用的是同样的配色方法。换言之，配色以及龙的纹样与每个相邻的纹样均相反。例如，第168页图1是以龙的纹样进行绘制的，明间的大额枋、稍间的小额枋，以及稍间的大额枋、明间的小额枋，其龙的形态毫无变化，但明间和稍间的大额枋之间以及小额枋之间完全是相反的。在配色方面（如第169页图2所示），其遵循的基本规律也是类似的。

第四，根据柱间距的大小，穿插枋、梁等的长短也产生了差距，空间分割的方法也不得不随之变化。在此种情况下，无论使用什么手法进行装饰，最后产生的变化都不会特别明显。现在，以第168-169页图1至图4为例进行说明。一般来说，图1使用的情况最多，当梁较为长的时候则如第169页图4-1的a部分会相对地把龙身延长并变为细长的形状，或者同时b部分增加龙的数量变为两条龙。此外，e部分内部轮廓c的部分等使用整体在横向上进行延伸的手法（参见第170-171页图5-1）。反之，梁的长度较短的情况下则如第169页图4-2所示，整个形状都进行了缩小，即将图1缩短为图4-2中的A（参见第172页图5-2、图5-3）；若省去e部分，且a部分改变龙的形状就会得到如图4-2中的B所示的纹样；若省去b、e两部分，削减a部分的一条龙则可以得到图4-2中的C和D（参见第172页图5-3）。

第五，若对龙的纹样进行描述（参照第168页图1，第169页图4-1、图4-2），中央的a部分使用的龙在大多数情况下呈相对姿势，均在中心抱有一颗宝珠；而b部分则没有正面的龙，一般为侧面的两条龙一升一降（图4-1的b），或者是一条上升的龙或一条下降的龙（图1的b）。与中央a部分相互穿插的e部分则绝不用两条龙，而是使用一条朝向正面或侧面的上升的龙（有时如第66页图A所示，为朝向正面的上升或下降的龙）作为装饰（图1的e）。龙的姿势如第66-67页图A、图B、图C所示，无论室内空间的大小、宽广程度相差多少，其手法始终没有发生变化，而如第169页图4-1、图4-2中那样弯曲的龙的姿势则十分罕见。

接下来，以发生了少许变化的各个殿门部分进行列举。

中和殿和保和殿　总的来说，依照的是上述共同的手法，由于外部颜色都几乎消失了则很难辨别出来，而内部的a部分则是用青色或绿色，与整个天花板都使用相同的配色方案。另外，龙和藤蔓纹样也使用得非常自由。稍有不同的地方，则是中和殿内部的大额枋如第184页图3-2所示，b部分用藤蔓纹样代替了龙的纹样。

太和殿（第174-175页图6-1、图6-2）　外部褪色的情况与上述两座宫殿几乎一样，只能分析其内部有所异同的地方。d′、e部分的轮廓没有使用直线而是用曲线绘制而成；e部分的四个角没有使用彩色的云，b部分在绿色的底色上用黑色描绘像水玉一样的藤蔓纹样。另外，e部分的龙一般用绿色进行绘制，但在此处变化成了青色，即通常若a部分是青色的话，则b、e部分应该是绿色。不过，当太和殿a部分是青色时，b部分是绿色，e部分是青色；反之，当a部分是绿色时，b部分是青色，e部分则是绿色。此外，e部分龙的底色用绿色进行填充，而像水玉的藤蔓纹样的底色则是带有一些靛蓝色的青色；分界线的部分并没有白线存在，均使用青色和绿色两种颜色，并且不使用淡色而全部使用浓色进行填充，这也是与之前有所不同的地方。

太和殿内部的青色全部是青色1，除了使用一定浓度的靛蓝色之外，其他均为较暗的颜色。其底色背景上的龙则使用青金色，明亮程度十分强烈，失去了整体上的协调，只能看到此部分闪闪发光。此外，在绿色底色上绘制红金色的龙，整个装饰色彩过于华丽，这也使得此宫殿在色彩调和方面与前两座宫殿相比略显逊色，而梁的下端中央的部分如第175页图6-2所示则勉强地嵌入了龙的纹样。

乾清门（第170–173页图5-1、图5-2、图5-3、图5-4） 共同的手法部分没有任何差异，只是在b部分使用了青色，从而使整体显得非常华丽。龙的纹样与以上三座宫殿相比则大大失去了自由的妙趣，可以看出其姿势非常呆板，但也还没到像天花板装饰的龙那样毫无变化。另外，后面讲述的各个宫殿的情形，也都与此门极为相似。

乾清宫（第174–175页图7-1、图7-2） 纹样带部分添加了大量丰富的设计，这一点是稍微有所不同的地方。纽带状的区域十分美丽，用橙色、绿色、青色等华丽的颜色进行绘制。色彩从两端以白色开始到黑色和茶褐色施以"五返涂"的技法。彩色的珠宝连接纽带的两端，同样使用黑色及茶褐色从中央开始向左右两端各自从白色开始施以"三返涂"。此部分黑色和茶褐色通常一同使用并互相交替在上下左右，如绿色和青色、橙色和红色的关系一样（第156–157页图20、图21）。梁（第174–

175页图7-2）上珠宝的颜色是从d的白色开始进行"五返涂"，两端d部分有两根纹样带，这一点是与穿插枋的不同之处；宫殿内部的青色主要是青色4，即用一定浓度的靛蓝如染色一样形成冷色调，同时龙的纹样在紫禁城中路部分的殿门之中是最难看的。所以，这两点结合在一起，让人产生了一种不愉快的感觉。在配色这一点上，虽然外部最终的颜色都褪色了，但内部的配色中乾清宫仍然是最为劣等的。

　　交泰殿（第66页图B）　两端纹样带的部分与乾清宫类似，只是在颜色上稍有不同，即用普鲁士绿代替黑色、茶褐色和靛蓝色，或是将靛蓝色与普鲁士绿调和，虽然这些变化乍一看并没有太大的差别。这或许是由于不同的装饰者的不同喜好，或者根据调色程度的不同产生的差异，因此在色彩分类表中为了避免过于复杂的分类而将此省略了，并将其归类为与乾清门类似的配色手法。

　　坤宁宫（第67页图C）　其外部装饰与交泰殿基本相同，而这两座宫殿的独特之处在于只有交泰殿与坤宁宫是用龙和凤凰相互配合的纹样。

　　需要指出的是，交泰殿和坤宁宫这两座宫殿尚存在一些差异，那就是在交泰殿中a的部分将相对的龙或凤凰交替使用，而坤宁宫则是在梁的最中间的四分之一处、八分之一处使用，且凡是中间的部分均为凤凰和龙相对。此外，在西路的宝华殿（第67页图D）可以看到凤凰的两只脚互相展开的姿势，与其他的纹样有着较大的区别。

　　午门（第176页图9）　b部分没有使用龙的纹样，而是以彩色的藤蔓纹样代替。

　　太和门（第176-177页图8）　在配色上有显著的差异，如a、b部分没有使用青色和绿色，取而代之的是用红色和绿色作为底色进行填充。红色的底色上有藤蔓纹样，并从白色的轮廓开始施以青、绿两色的"三返涂"技法，同时茎叶的中心绘制了较为显眼的线条。此外，e部分将龙与藤蔓纹样交替使用，四个边角的云彩纹样像太和殿一样使用带有黑色的青色进行绘制。此外，底色用绿色填充后，用黑色绘制像水珠状的藤蔓纹样进行填充。c部分的藤蔓纹样的花朵非常小，其形状也与众不同。这种藤蔓纹样在保和殿也可以见到。从整体配色上看，底色用红色进行填充，以绿色与红色互相搭配，红、绿两个颜色对比之下十分引人注目。不过，这样虽然非常华丽，但缺乏一定的品位。总的来说，其手法较为粗糙散漫，如在轮廓的地方经常可以一眼看到隆起的部分，而且龙的纹样非常细小时就像是金针的延伸。

另外，再说一下回廊的部分。

太和门回廊（第178-179页图10-1）　a部分用龙和海棠纹样交替填充，海棠用绿色和青色作为底色，花朵则如图所示进行配色。b部分中花瓣的轮廓用黑色进行绘制，花心以及两朵花之间的空隙则用金色进行涂饰。花瓣围绕在花心的周围，若其中一层是绿色，那下一层一定是青色，若其中一层是青色，那接着就会是绿色，两种颜色交替使用。其绘制的方法则是在勾勒出黑色轮廓后再绘制细细的白线，其余的部分则统一涂成较浓的色彩，完全不使用红色和橙色。此外，c部分被省略了。

e部分则是交替使用金色的牡丹藤蔓纹样和类似牛、马、狮子、白鹭、蝙蝠等奇珍异兽纹样。这些动物均用拙劣的墨画绘制而成，均以口吐火焰且朝向珠宝的纹样来展示。在色彩上，均使用如靛蓝和普鲁士绿等冷色，与绿色的树木相互搭配。此外，其四个边角与太和门一样都用云彩纹样进行装饰。

乾清门回廊（第179页图10-2）　与太和门的回廊相比略显简略，完全没有使用动物纹样。a部分什么物体都没有绘制，仅用青色和绿色将底色进行填充，或者中间部分用一条黑线，并交替使用这两种方法绘制。此外，c部分则被省略了。与太和门回廊一样的是b、e部分使用了相同的纹样形状，但只有黑色的轮廓，而花心和两朵花的间隙部分使用了金色、绿色和青色且占据了其中的大部分。同时，与太和门回廊一样完全没有使用橙色和红色，全部只使用了单一的冷色系。若是在其中寻求暖色，则只有闪闪发光的金色，让人生出寒冷而不愉快的感觉，难免被认为是最劣等的装饰手法。

神武门同样依据此装饰手法进行装饰。此外，紫禁城中路和东、西两路分界的小门也是与乾清门回廊使用同样的装饰手法，只有a部分龙纹样的绘制方法略有差异，而且当有较大的门时或者按照乾清门，又或者按太和门及太和门回廊的装饰手法进行装饰。

以上就是针对紫禁城中路部分的记述，接下来对东、西两路殿门的装饰手法进行叙述。

皇极殿（第180页图11-1） 其装饰手法首先是在梁中央绘制如图所示的像一片布悬垂下来的空间，轮廓如第181页图13的a部分所示，常用金色进行"五返涂"或"六返涂"，从黑色或红色开始向内部逐渐加深颜色浓度。因此，乍一看仿佛是在轮廓中附上了阴影，使轮廓内部呈现出好像其表面有凹陷的外观效果，但整体的平面则失去了细长的感觉，未能表现出一整段穿插枋、梁的效果；再加上其轮廓内部绘制了较为拙劣的花鸟、风景的写实图，更加让人感到这种装饰手法的失败。接下来，两端纹样带的部分如第181页图13的d部分所示，将万字纹相互交接用金色进行绘制并附上阴影，使这一部分表现出了凹凸相交的感觉，但缺失了像纽带一样结束的意义表达。不过，万寿山的回廊在此部分使用了"壽"字进行搭配。此外，如第180页图11-2所示，代替了像是从金属物体想到的熨斗状的金兰卷部分（c部分），剩余的平面绘制了各种规则的轮廓，并在其中绘制花鸟画（参见第180页图11-1），而e部分被省略掉了。

宁寿宫（第180页图11-2） 中央部分的形状有些许不同，但其意义没有什么不同。其通常会绘制成如图所示的凹陷效果，但特别粗糙的是储秀宫的正面（第181页图12）以及回廊（第181页图13）所运用的手法。它们用同一种轮廓穿越平板枋和大额枋，又从檩开始跨越垫板、大额枋。其中，写实描绘的风景和花鸟形成了凹凸的效果，但在不同平面有所差异的部分则为了与自然风景表现得相同而对画中的物体进行了压缩。事实上，与其说这种方法在处理方面过于大胆，不如说是对装饰者当时是否有审美的头脑表示怀疑。此外，剩余的表面则是使用各种规则的形状进行填充，呈现出木质的底色，接着涂上白色颜料或是其他的色彩并附上写实画。

万寿山　其长长的回廊也是依据第181页图13所示的装饰手法进行的，简单来说就是没有使用龙、凤凰、藤蔓纹样，取而代之的是花鸟、山水、人物、果物以及器物交替使用。其整体的配色与太和门相似，没有什么特别大的变化。在色彩上，多次使用红色并用绿色与之进行对比，结果导致对比过于强烈而使其显得品位较低。在不规则的形状中，使用了极为艳丽的色彩涂料，但只是单纯的为了表现图案美丽的外观而忽略了整体上的协调，完全不顾及品位和审美的要素，其错综复杂的配色宛如将彩绘附着在上面。

不过，以上针对皇极殿、宁寿宫这两座宫殿所见的记述，并不包括其内部装饰，因为没能进入内部调查。

文渊阁（第182页图14）这座图书馆中部分使用了毫无意义的装饰图案。此外，如第182页图15所示b、e部分分别绘制了龙和藤蔓纹样，b部分剩余的则运用了几何图案进行填充，a部分使用藤蔓纹样及蝙蝠、云、波浪、岩石互相搭配。另外，将此手法进行少许变化则得到如第183页图17所示的样子，再将两端的e部分去除后，其他的空间全部用规则的几何体（类似海棠花）进行填充或是与写实的花卉进行交替填充（如第183页图16）。在西苑的瀛台各宫殿中，像这样的手法以及太和门回廊的手法可以经常见到。

檩的麻叶头（第216页图1至图10）通常是圆形的，底色用青色填充，其上有一条正面朝向的龙或者是用牡丹藤蔓纹样进行表现。

大额枋的麻叶头（第217页图1至图11）的纹样绘制在平板枋下，一般与雀替的下端使用相同的装饰，即多数情况下是金色的藤蔓纹样，而侧面则一般是绿色的底色，其上绘制白色的莲花、牡丹藤蔓纹样等（第217页图1至图7）。有时，又将其省略，在绿色的底色上绘制一条金线（第

217页图8、图10）；有时，也会雕刻像水的漩涡一样有趣的纹样（第217
页图11）。

　　大额枋的麻叶头用的纹样（第218-221页图1至图12）使用非常少，
除大额枋的麻叶头外则是在雀替（第218页图1、图2）、荷叶墩、菊花头、
山花的博风板等处。诸如第218-221页图3至图12所示的纹样，主要是
在石栏、置物台、器具等之类的东西上使用得较多。

　　三、梁（第十图，第184-187页）

　　梁的装饰除了接下来要说明的两三点不同之处外，其他的与檩、穿
插枋等相比，在空间的划分与配色的方法上几乎没有什么不同。对于这
两三点差异，其也只是手法上稍显复杂，故此处再次将前项所述的穿插
枋等的图样作为梁的图样来说明。

　　保和殿（第184-185页图1）　其明间的左右有一方横跨四根柱子的
梁，这是最为显眼的部分，也是色彩使用最为精巧的部分。

　　中央的a部分是最为高贵的部分，使用较为温和的青色作为底色，之
后在a部分绘制笔力雄健的全彩色的两条龙，两条龙以珠宝、玉石为中
心相对而立。龙的姿势栩栩如生，龙腹部的鳞片和毛发以及云彩用橙色、
青色、红色、绿色这四种颜色施以"四返涂"技法。火焰则绘制成白色
中带有淡淡的橙色，其余全部用金色进行装饰，而金色轮廓的外部则附
上精确的黑色轮廓。b部分则使用非常艳丽的红色作为底色并在其上绘制
藤蔓纹样，金色轮廓内部的茎叶用绿色和青色绘制，花苞用不同深浅的
茶褐色绘制。全彩色的d′部分加上了较丰富的设计，搭配了多种形状的
纹样，用金色、橙色、青色、红色和绿色进行上色。e部分龙的底色使用
青色，d部分增加了纹样带的数量，还增加了像云或水珠状的纹样，其颜
色和纹样都保持了整体上的协调，而这一点虽然不能说是最值得注意的
地方，但不得不承认它和天花板融合得十分巧妙。

　　中和殿（第184-185页图2）　与保和殿相比稍微省略了一些手法，

那就是在a部分不仅龙纹样使用金色，藤蔓纹样的花苞也大体上使用金色绘制，而且d′部分则只有纹样变得稍微简单这一点差异。

乾清门（第186-187页图4）　与保和殿一样，在d′部分的边界部分做了许多装饰（参见第155页图19、第158-159页图25）。a部分的珠宝串是从白色开始施以"五返涂"的技法，将花心状的连续纹样依次绘制成青色、绿色、红色、橙色且循环出现。全彩色的部分用青色填充底色，牡丹藤蔓纹样绘制成闪闪发光的金色，像火焰状的藤蔓纹样也涂成金色，较之保和殿、中和殿所使用的纹样有进一步的变化。

乾清门的梁是上下双重结构，两根梁之间通过红色的垫板固定，旁边插入两个装饰的荷叶墩，荷叶墩的上方有巨大的不协调的菊花头和斗拱。其中，藤蔓纹样用金色进行绘制，其底色用红色进行填充。此外，斗的颜色是青色，菊花头的颜色是绿色。但是，以上三座殿门均没有出现熨斗状的金兰卷纹样。

午门（第187页图6）　除了两端纹样带的部分，其他部分均用红色进行填充，用彩色的藤蔓纹样进行装饰，并与保和殿的b部分使用的是相同的配色，手法十分简单。

景阳宫（第186-187页图5）　其有上下不同宽度的两根梁互相重合连在一起，表面装饰凹凸不平。按照如乾清门下的梁所用的装饰的方案对空间进行划分，d′部分绘制花卉等纹样，a、b部分则完全用几何纹样进行填充。不过，a部分与皇极殿的大额枋一样，呈布片悬挂状的空间轮廓。

斋宫（第184-185页图3-1）　其有着颇为有趣的装饰，大胆使用了藤蔓纹样。b部分的底色用绿色进行填充，其根茎和花朵部分用金色绘制，叶子则是在金色的轮廓内用白色的细线进行勾勒，之后再用青色将剩余的部分填充为全彩色。同时，此梁附有熨斗状的金兰卷（c部分），与其顶部圆形的藤蔓纹样巧妙地连接在了一起。中和殿大额枋局部（第184页图3-2），其藤蔓纹样与斋宫的藤蔓纹样十分相似。

万寿山回廊（第187页图7）　中央部分绘制了写实山水，两端的纹样带同时绘制了花卉等纹样。其余的部分表面全都用红色填充，其上绘制了云彩，但可以看出其技法十分简单，只是勾勒出了云的边缘而已。不过，这种梁只能在非常短的空间使用。

雨华阁佛堂（第187页图8）　其拱梁上雕刻了龙的纹样，并且可以看到从头部到前足都突出于柱子的上部。

四、由额垫板（第十一图，第188页）

由额垫板c部分的底色用红色进行填充，侧面则绘制从建筑物两端开始向中央的细长金龙（参见第170–173页图5–1、图5–2、图5–3、图5–4，以及第66–67页图B、图C。其中，交泰殿、坤宁宫是龙和凤凰交替）。

此外，当内部的垫板足够宽大时，龙会绘制得非常巨大，其下方有岩石和波浪与之搭配（参见第66页图A）。同时，此垫板的红色在基本均为冷色系的穿插枋之间被固定，十分显眼。例如，太和门在红色底色上使用了与穿插枋相同的藤蔓纹样（第176–177页图8）。

午门的垫板只是单一地用了红色的底色，并没有绘制龙的纹样。此外，其两侧的角楼回廊镶板，用细栏杆竖立起来将其分成了几个小部分。其中，较为有趣的是午门的装饰手法，即将藤蔓纹样使用透雕的手法进行填充，这种方法在养心殿等其他宫殿中也可以看到（第188页图1、图2）。宁寿宫（第180页图11–2）则是雕刻的龙，皇极殿（第188页图3）、万寿山以及长春宫的回廊等则可以抬头看到器具类的装饰，或是奇怪的纹样和写实的花卉纹样交替使用。中正殿背后的佛堂使用的是梵文和云彩之类的图案，这是比较难以识别的一种形状（第188页图4）。同时，雨华阁（第188页图5）也是使用的类似纹样。

五、平板枋（第十二图，第189页）

平板枋的装饰与由额垫板一样（参见第170–173页图5–1、图5–2、图5–3、图5–4），通常以青色为底色，建筑物都有一条从两端向中央腾飞的细长状的龙。与之相比，由额垫板只是底色有所差异。

太和门（第176-177页图8）的穿插枋使用的是云彩，皇极殿（第189页图2）使用的云纹样则更为繁杂。御箭亭（第189页图3）和神武门（第189页图1）的平板枋，则以一种罕见的方式将整个画面分为若干的几个部分。

六、柱子（第十三图，第190-191页）

柱子的柱身一般都涂成朱红色（红色4），只有太和殿用金色绘制。同时，柱子上部通常施以与梁、穿插枋两端相同意义的金兰卷装饰。此外，柱子上部末端均以黑色结束，圆形的部分同样与梁、穿插枋相同，只是在外部装饰花瓣状的金兰卷纹样（第155页图17、图18），而使用金属制品形状的装饰则稍有不同。这样的手法主要出现在建筑物的外部柱子上（第190页图3、图4），内部则多用熨斗状的金兰卷装饰（第190-191页图1、图2、图5、图6）。

宫殿内通常都使用圆柱，但也有少数使用方柱的（养心殿，雨华阁、文渊阁），而这类方柱柱身均涂成绿色。

中和殿内部（第191页图8）除了上部有一条绿色的纹样带之外，其余部分都涂饰成了朱红色，而乾清宫也是如此。但是，只有太和殿中部左右两侧的柱子除了上部外其他全部都涂成了金色，并装饰了巨大的龙纹样围绕在柱子上（盘龙柱，参见第212页图1-1）。

保和殿、太和殿（第190页图1、图2）内部在金兰卷的上部填充了龙纹样，而在保和殿的外部（第190页图4）的金兰卷部分则重叠着熨斗状的图案。

乾清门（第190页图3）以及乾清宫的外部使用的是全彩色的金兰卷，在其上方与穿插枋e部分的手法相同，都绘制了一条朝向正面的龙。

交泰殿（第191页图6）则是龙和凤凰纹样相互搭配，其他部分则绘制山和云来代替金兰卷，而山的轮廓内填涂各种各样的颜色，看起来像是五颜六色的，但颜色的排列顺序不是很清楚。纹样带的两端也是全彩色的编织图案和珠宝，与乾清宫相同，而梁和穿插枋的纹样带也是如此。

午门的内部（第191页图7）与乾清门的手法类似，将金兰卷的部分进行了省略，仅仅装饰了纹样带。此外，将龙用云彩进行代替，配色一点也不鲜艳。

太和门和乾清门回廊的柱子如其梁、穿插枋的两端一样简约，装饰得十分简略（参见第178-179页图10-1、图10-2）。宁寿宫则是用深色的朱红色对底色进行填充，在其上装饰写实的花卉纹样（第180页图11-2）。

七、斗拱（第十四图，第192页）

柱子上部的坐斗经常用青色，与之相连接的斗即方斗有时也全部为青色，反之菊花头则一定是绿色。（参见第153页图7）同时，不论在什么建筑，其色彩绘制都使用了第152-153页所示的色彩方法。菊花头一定是绿色和青色两种颜色进行混合绘制（参照第192页图1，以及第170-173页图5-1、图5-2、图5-3、图5-4）。与此斗拱相邻的斗拱是绿色，与青色相对，即机枋是青色时则斗拱为绿色（第192页图2）。

在不同建筑内，斗拱稍微有一些变化，但在配色这一点上毫无差异。

机枋通常为青色，其上会绘制如第192页图3、图4所示的彩霞状的金云，门、回廊等上面的斗拱则有时也只用青色一种颜色进行填充。

在西苑，斗拱上搭配有梅花和蝴蝶之类的虫类装饰，可以看到这些装饰分散在各处。（参见第183页图17）

八、拱垫板（第十四图，第192页）

与斗拱相接的部分为绿色，并在斗拱与拱垫板的交接处用金色勾勒边界线。斗拱之间宽广的c部分底色用红色填充，其上绘制一条朝向正面的龙（交泰殿、坤宁宫则通常是与凤凰进行交替使用），有的也用藤蔓纹样、珠宝进行填充。

太和殿、乾清门、乾清宫以及其他众多的宫殿的拱垫板上都绘制了一条朝向正面的龙（参照第192页图3，以及第170-173页图5-1、图5-2、图5-3、图5-4）。太和门、午门的外部则使用珠宝（第192页图5），其颜色施以绿色和青色的"五返涂"技法，以金色为中心，逐渐将同一种颜色进行加深，宝珠外侧的火焰仍使用金色。若第一个和第三个珠宝是青色，那么第二个珠宝一定是绿色；反之若前者为绿色，那后者一定为青色。相邻的拱垫板其配色相互交替，并且火焰纹样用金色进行绘制（参照第176-179页图8、图9、图10-1、图10-2）。

西苑则有将"壽"字与藤蔓纹样互相搭配的装饰，同时如第174-175页图6-1、图6-2所示的凤凰、藤蔓纹样类似的装饰也比较常见。

九、檐椽、飞椽及望板（第十五图，第193-194页）

檐椽的横断面是圆形的，一般使用绿色和青色作为底色，用红色3的纸包裹边缘并在中部搭配花纹，典型的图案则为盛开的莲花、牡丹以及延伸出去的藤蔓纹样。端头使用非常平坦且没有一点凸面的绿色，用青色对底色进行填充，并使用金色绘制"壽"字，这也是较为普通的手法。太和门以及新设的各个宫殿、回廊等根据第157页图22、图23的色彩方法将珠宝用青、绿二色进行交替循环使用。（参见第193页图1-1、图1-2）

飞椽的横断面一定是有四个角的，整体的上色手法与檐椽没有什么不同，只是藤蔓纹样的花朵多半是半开的，端头则是用金色的万字纹进行填充。如第193页图1-1、图1-2所示的是通用的手法，其他的各个殿门的纹样都是用类似的方法来完成的。

望板同样也是用红色填充底色，并在其上绘制形状极为奇怪的云彩。乾清宫、乾清门、交泰殿等则将这些云彩省略了。

回廊则省略了所有的装饰，檐椽、飞椽均将绿色置于红色底色之上，而只有在檐椽的端头使用彩色的珠宝装饰时，飞椽的端头则同时使用万字纹装饰，但有时也省略不做任何图案装饰。

十、(仔) 角梁（第十六图，第195页）

(仔) 角梁通常为双层，下层的纹样与大额枋的麻叶头相同（第195页图1），下端在绿色的底色上用一条延展的龙进行装饰（第195页图2）。有时，上部的端头附着彩色瓦片上的兽形装饰，下端仿佛是兽的腹部，其鳞片状从金色开始，以青色施以"三返涂"技法。交泰殿、坤宁宫在檐椽上则没有使用龙的纹样，而是以藤蔓纹样之类进行替代。

十一、墙壁（第十七图，第196-199页）

墙内壁通常使用黄色2进行粉饰，再在边缘附着白色、红色、青色（第196页图A）或者白色、红色、绿色（第196页图B），又或者全部都只用红色4进行填充，而腰垫板则用灰色的砖或者用橙色和绿色的彩色瓦片。

保和殿、太和殿墙壁附着如第196页图A所示的绿色，最外侧的边界部分用带有暗色的青色作为底色，其上有一条腾飞的金龙的贴纸。乾清门、午门、太和门则使用了如第196页图B所示的配色方法。

太和门和太和殿的腰垫板如第232-233页图1、图2所示，用橙色和绿色互相搭配，使用六角形的彩色瓦片；其他的殿门则多使用灰色的砖，并将砖体表面磨得很平滑再砌于墙面，让人难以看出其接缝的痕迹。当使用彩色瓦片时，其边缘通常会绘制橙色和绿色两种颜色的藤蔓纹样。

乾清宫的墙壁全部为红色，以至于其内部稍微显得有些昏暗。交泰殿墙壁的色彩已全部褪去，尚不明确原本的色彩，可能也是红色。

养心殿、储秀宫等带有居住性质的各个宫殿，或是将卷轴悬挂在白纸贴成的墙壁上，或是在木栏的间隔中画上松、鹤、兰、竹、梅等。但是，乾清宫两个侧室的墙壁则均为白纸张贴而成。

外墙，即建筑物的两个侧面和背后立面的颜色全部为红色4。在墙体的柱子下方，嵌入了一块雕刻过的长方形石头（第196页图C、图E-1、图E-2），而这些雕刻往往很简单却富有趣味。

围墙的颜色（第196页图D）也与外部的墙壁颜色相同，全部使用了红色。屋顶的瓦是带有橙色的深黄色，其下方则混合使用绿色的瓦片和橙黄色的瓦片；下方踢脚部分则使用的是灰色的砖。

乾清门的影壁以及其他在紫禁城东、西两路的小门等全部使用了红色，并且用橙色和绿色的藤蔓纹样瓦作为装饰。

西苑以及万寿山的围墙是在白色的墙壁上（第199页图53）绘制圆形、菱形、方形、五边形、六边形、八边形等几何形状的纹样，或者是在扇形的底纹纸上使用各种纹样的窗户并以一定的距离隔开，最终绘制出各种形状。事实上，不同的形状如瓢虫、云、石榴、桃子都用尽了，甚至将泡茶的小壶、鼎、卷物等形状进行变形后使用。凡是进行了雕刻的石头，其边缘将会附有木质的边框，形成一种组合的空间进行填充；但在对此感到奇怪的同时，也感到非常滑稽。此外，可以看到万寿山的围墙使用了在石头上彩绘兰花后上釉的手法（第197-199页图1至图52）。

十二、门（第十八图，第200-207页）

太和门、乾清门以及其他各宫殿皆有门，整体颜色和柱子相同且均为红色，并将门钉及角上的金属片进行镀金，同时在金属片上雕刻龙的纹样（第200页图1）。

十三、殿门（第十八图，第200-207页）

殿门中的腰垫板与上方的门框之间有三交六椀菱花，门框上镶有金属铜片（第200-201页图2、图3、图4），整体颜色与殿门相同。此花格内外相同，中间夹有一层纸，其颜色除了红色外只用了一点点金色。相对于颜色的变化，三交六椀菱花变化的是它的形状，而这对于纹样装饰的研究是一种很好的研究材料。同时，根据建筑物的不同，其工艺和技巧也有很大差异，在装饰纹样和颜色上也与此呈现出一致的差异效果，所以现针对此处进行论述。

三交六椀菱花 中和殿（第202-203页图6-1、图6-2）、保和殿（第202-203页图5-1、图5-2）的花格是由六片木片组成，其花心之间的距离为六寸二三分。其中一个部分是由三片木片制成，形状如图6-1、图6-2所示保持着平滑的圆形，品位很高，富有妙趣，其花心的圆形部分用金色进行绘饰。

太和殿（第204-205页图7-1、图7-2）则是用两片木片组成花格。与中和殿、保和殿相比，其花格则没有那么坚固（如第204页图8-3），而乾清宫（第204页图8-1）、交泰殿（第205页图9）两者更甚，有着颇为拮据的感觉（如第204页图8-2）。

坤宁宫如第206页图10-1所示，太和门的回廊如第206页图10-2所示，均以四片木片制成。

钦安殿、雨华阁等的佛堂则如第206页图11所示，使用了11′和11″两种木片制成，也有用11‴来代替11″制作的。此外，像第206页图12、图13所示的装饰手法可以在西苑看到，用如12′和13′所示的木片进行制作。

垫板 中和殿（第202-203页图6-1、图6-2）、保和殿（第202-203页图5-1、图5-2）只对类似藤蔓纹样的形状进行了填充，简单并富有趣味。坤宁宫同样只填充了这一种形状的垫板，并且可以看出有微微的隆起。中和殿、保和殿的垫板由于泥浆暴露在外面，其原有颜色也不清楚。但是，若从坤宁宫以及其他的宫殿来推测的话，这个形状或许原本是用金色进行涂饰的。

太和殿（第204-205页图7-1、图7-2）、乾清宫（第204页图8-1、图8-2、图8-3）、交泰殿（第205页图9）可以通过不同的形状对垫板进行区分，将龙（交泰殿是龙和凤凰）和云、山水等纹样一同雕刻在上面作为装饰。

太和殿的雕刻稍微巧妙一些，四个边角雕刻有藤蔓纹样。其余的两座宫殿（乾清宫、交泰殿）有所不同，一座雕刻了龙（第204页图8-1），另一座雕刻了云彩（第205页图9），但雕刻的手法可以看出大部分都较为拙劣。在交泰殿中，雕刻的部分可以看出曾经用过金色颜料的痕迹。

金属铜片　交泰殿的金属铜片上雕刻了龙和凤凰（第200-201页图3）。坤宁宫则更为妙趣，雕刻了莲花和牡丹藤蔓纹样（第80页图8），其余各殿全部用龙进行装饰（第200-201页图2）。若是针对工艺手法进行比较的话，其装饰技法与三交六椀菱花以及垫板的手法一致，但其装饰优劣是有差异顺序的，也就是说首先是中和殿、保和殿，其次是太和殿，之后才是各个宫殿。

其中，养心殿殿门有外三交六椀菱花的部分使用了"佛教七宝"（第206页图14）；储秀宫及长春宫的殿门使用万字纹时，会在圆形的铜片中透雕蝙蝠和"壽"字来搭配（第73页图26-1、图26-2）。普通居住建筑的窗户一般使用同一种格子（第206页图15、图17），这种格子在带有居住性质的新设宫殿中被屡屡使用。万寿山、西苑等建筑经常施以此种手法，尤其奇怪的一种方法是将长短不定的木片进行组合（第206页图16），中间放置不规则的五边形，周围则绘制成不规则的三角形和不规则的四边形，恰如冰面的裂纹一般，与墙上的窗户构成了一种复杂的设计。此外，西苑翔鸾阁回廊可以看到如第207页图18所示的手法，而如第207页图19、图20所示的简单手法也随处可见。

垫板上的装饰有如图第207页图21、图22、图23、图26所示的纹样，以及如第207页图23、图24和第108页图β（养心殿）所示的较为精致的设计图案也会被屡屡使用。此外，还有花篮、兰花、竹子、梅花、木莲等植物纹样（储秀宫）会搭配蝙蝠和"壽"字（第73页图24）。这些均以中和殿、保和殿的装饰作为母本，经过种种变化后产生并进行精心绘制，但是随着制作复杂的纹样变成了死板的事情，导致其占据了很多本应该适度装饰的空间。

十四、雀替（第十九图，第208-211页）

由于中和殿、保和殿、太和殿以及午门的色彩已经褪去而完全不清楚原本配色，若从乾清门、乾清宫等的配色进行推测的话，可能是用的同一种配色，即底色为红色3，其上的花苞用金色，根茎和枝叶则是使用绿色和青色进行绘制，而其下端则全部涂成金色，施以莲花、牡丹藤蔓纹样的装饰。此外，简要介绍下太和门和乾清门回廊等的手法，其中雀替在一条曲线中交替使用绿色、青色，就如斗拱的绘色。同时，藤蔓纹样的花苞交替使用黑色或茶褐色来代替金色，或是用不同浓度的颜色进行绘制。

在雕刻的技法上，若将雀替与殿门一同进行比较，则最容易识别出设计的巧拙，故此处稍加说明。

对于前一章节中大为称赞的第78页图Q的纹样，即中和殿雀替所用的藤蔓纹样装饰中的一部分。这幅作品的全部装饰如第208-209页图1-1、图1-2所示，造型优美且颇具趣味，并绘制了非常自由的藤蔓纹样。同样，在雕刻技法这一点上，不得不说保和殿（第208-209页图2）与之完全相同。

太和殿（第208-209页图3）的装饰较为纤巧，其富有妙趣的地方与前两座宫殿相比大为逊色。至于乾清宫（第210页图4、图5）、交泰殿、坤宁宫以及其他宫殿，则趣味性显得更加不足，其雀替的纹样全部为普通的藤蔓纹样繁复地排列在一起，完全失去了优雅与雄健的感觉。

午门与太和殿（第208-209页图3）几乎全部相同，下端的横截面如第210页图4所示，又如第210页图5所示不是平面而是中间有凸起状并形成三角形。太和门以及其他新设的殿门与太和殿和午门所用的藤蔓纹样是同样的手法，只是多数将其进行了简化。此外，也有如第211页图6、图7、图8所示的不同的装饰。

十五、宝座（第二十图，第212-215页）

宝座于太和殿、中和殿、保和殿、乾清宫、交泰殿有所设置，午门也有配备，尤其是太和殿（第212-214页图1-1、图1-2、图1-3）、保和殿（第215页图3）、乾清宫（第214页图2）在高处设置了高御座。太和殿和交泰殿宝座上方的天花板（第213-215页图1-2、图1-3、图4）实在是非常的壮丽，其天花藻井、高御座、背障以及椅子上全部都雕刻有龙的纹样（交泰殿的椅子上雕刻了饕餮纹样），又在浮雕和透雕的藤蔓纹样上施以强度极高的闪闪发光的金色，高栏上则用朱红色填涂。总体来说，看起来非常璀璨，而这是灿烂的金色与华丽的朱红组合绽放出的光芒。

中和殿、保和殿的背障是用布片粘贴上的，其配色与墙壁的配色没有较大的差异，即黄色、黑色、茶褐色、红色并附有白色、桃色、青色以及金色的线对其勾勒（第215页图3）。

背障的后方部分，即高御座的后方是如第214页图2及第215页图3所示的宽广垫板，中央上方放置"聖"（"圣"的繁体字）字，悬挂匾额的红色背景上装饰有金碧辉煌的大龙，而下方的垫板上则使用不起眼的彩色布。宝座四周有四根天柱，其也用长长的匾额覆盖，每一根上面都有帝王的亲笔。

太和殿（第213-214页图1-2、图1-3）、交泰殿（第215页图4）的天花板实在是非常华丽，从方形藻井向上到深处与细小的斗拱相交，用青金和红金进行涂饰。天花板上排列着细长的木条，仅在三角形中进行雕刻且交替使用龙和凤凰的纹样，中央从龙的口中发出银色的光并悬挂着珠玉，而珠玉的周围散布着更小的珠玉碎片，其光芒实在是非常庄严华丽，尤其是在交泰殿的此类装饰中更是如此。

宝座以及殿内的地板上都有坐垫，其颜色以黄色为主并附有许多大龙的纹样，而且椅子上的坐垫除黄色外还有青色、红色、绿色等，除了龙纹样外还会施以缩小的藤蔓纹样。

不过，此处有两点需要注意。其一，装饰的手法缺乏变化。宝座附近的器具类总的来说从一开始就是千篇一律的，与纹样相比则更加感觉到在种类上有所缺乏（第221页图13、图14、图15、图16）。其二，椅子等用了较为奇特的曲线状纹样。这种曲线在欧洲各国非常流行，它们在曲线的弯曲上非常相似，尽管随意突然使用的弯曲似乎也是一种趣味，但它实际上毫无意义，不过是对曲线的滥用。

十六、山花（第二十四图，第222-223页）

山花如第222页图1所示制成像组纽[1]一样花纹样的浮雕，用茶褐色5对底色进行填充后，只用金色对部分进行涂饰。其中，保和殿花朵形状的雕饰在第一行为一个，第二行为三个，下一行为五个；太和殿东西两侧的昭德门、贞度门是上面一行一个，下面一行三个。山花上的花朵形状的雕饰是奇数个数，一般均为两列，若是三列则除了保和殿没有别的建筑使用了。新设建筑的山花装饰，除了有花形的组纽外，组纽间剩余的空间绘制成瓶子的形状，完全陷入了无意义的装饰状态。不过，博风板上装饰了六个闪亮的镶金点花形纹样（梅花钉）。

十七、屋瓦（第二十六图，第226-267页）

在紫禁城中路的部分，各个宫殿屋顶的瓦片全部都使用的是带有橙色的深黄色，或者可以看作是适合屋顶的琥珀色。后面，将详细解释屋瓦的配色方案。

十八、地面（第二十四图，第222-223页）

建筑物前设置的石台、石阶、石栏以及用于各宫殿相连接的中间道路，全部都用了白色的大理石；其他的庭院则都用了灰色的砖石进行铺设，并种植了树木。

---

[1]组纽，可追溯到上古先民结绳记事。组纽的"组"是指官印上的绶带，"纽"是用彩丝织成的长条形饰物，盖住装印的鞶囊或系于腹前及腰侧，故又称"印纽"。——译者注

紫禁城中路的部分没有种植树木，而是设置了一眼看过去颇能引起注意的石栏主柱。午门、太和门附近的石栏主柱上面还雕刻了凝宝珠，如第222页图4、图5所示。此外，如第223页图6、图7、图8所示的装饰在紫禁城东、西两路的桥栏杆上以及西苑都可以看到。但是，紫禁城中路的部分全部均如第222页图2、图3所示，将龙、凤搭配云彩的纹样进行雕刻。不过，龙、凤交替使用的纹样较为无趣，虽然雕刻十分错杂，但没有什么价值。

万寿山离宫的通道用直径六分的小鹅卵石砂砾铺设，其中嵌入直径八分到一寸的大石头，可以看到显现出的动物、植物以及器具类的图案。

第四节　屋瓦配色

这里之所以将屋瓦的配色（第224—225页）与其他部分分开论述，是为了避免造成错杂。

在紫禁城中路的部分，屋顶的形状与颜色几乎没有变化。谈及紫禁城东、西两路以及西苑、万寿山（第230—231页）等，则不仅在形状上有各种各样有趣的变化，在色彩上也大有不同，而且种类也非常丰富，全部都使用了不同釉色的瓦。若这样的彩色瓦片在日本的建筑中也有所应用的话，或许也会十分有趣吧。我们将目之所及的瓦片都进行了写生，并根据观察绘制了第二十五图（第224—225页图1至图11），将颜色区分为七种（参见第224页图1至图7）。

图1（第224页）是位于紫禁城中路部分的瓦片的颜色，所有的殿门都使用此色，其他部分应该说所有庄严的宫殿全都施以此色彩。（参照第二十六图，第226—227页）

在其他的建筑中如东、西两路的各个宫殿，紫禁城背后的景山、西苑以及万寿山也多次使用，大多数也与其他颜色一起使用，通常会带有边缘。

图2（第224页）是带一点绿色的天蓝色，与天空的颜色相比色调稍微强一些，非常清朗爽快（这个词完全应该用来形容太阳直射天空时绽放出的美丽光彩）。在大多数情况下，会带有如图1（第224页）的橙色边缘，也有与像图3（第224页）的带有青紫色进行搭配。总之，相互配合的颜色一般均为较相近的颜色，大多数的配色方案均为了互相强调彼此。

天坛使用的瓦均为绀碧色，然而这恐怕与图3（第224页）的颜色一样是由同一种颜料调和而成的，或许只是由于烧制的方法有所不同。此外，图2、图4、图5（第224页）使用的是同一种染料调和而成的，只是在烧制的手法上是否有所不同还不得而知。然而，若没有见到这样的制瓦工厂则很难判断出结果，现在只能单凭观察来对这些颜色进行区分。

第二十七图（第228-229页）是瀛台屋瓦的配色，各种各样华美的配色倒映在太液池的水面上与红莲交相辉映，景色十分美丽，恍惚间让人联想到了龙宫的场景。

此外，屋顶的瓦片如第224-225页图8、图9-1、图9-2所示，将各种颜色的瓦片进行并列使用。图8是西苑永安寺的屋顶，图9-1则是在万寿山的众香界所看到的景色，后者绘制了云、龙和建筑上的人物以及远处的宝塔等，并进行了各种配色。其配色的错综复杂与装饰表面的凹凸相辅相成，远远望去会有种屋顶全部崩塌了的感觉，但一旦登上前面的佛香阁并以适当的距离进行观赏，则不得不承认那建筑外观的美丽。

一些建筑（万寿山的众香界也是其中之一，主要是指与佛教有关的建筑）的外部，即斗拱、椽、穿插枋、柱子、墙壁等全部都铺设了瓦片，以绿色5作为底色，纹样用橙色1表现，恰巧与木质部分以金色进行装饰的纹样有相似的关系（第233页图4）。此外，建筑的各层都有变化（第224页图10）。

太和门、太和殿的腰垫板使用的是绿色和橙色两种颜色的六边形瓦片（第232-233页图1、图2），而当墙壁全部都铺设瓦片时则使用坚硬的长方形的瓦片，并且在内部雕刻一尊佛像（第225页图9-2）。永安寺塔的前方安放了不可思议的神像，建筑的瓦面上可以看到是茶褐色的佛像。

乾清门的影壁（第223页图9）使用的是红色的壁面，并附有如太和殿殿门那样相同的设计划分。中央和四个角使用了雕刻莲花、牡丹以及其他的花卉（花朵为橙色，叶子为绿色）的彩色瓦片，其他的部分整体上是用橙色和绿色的瓦片进行装饰，而东、西两路的小门也多使用此手法。此外，如第222页图3所示，将橙色和绿色的瓦片用钉子钉在栏杆的柱子上的手法也能屡屡见到。

乾清宫和交泰殿、坤宁宫之间并未使用白色大理石的石栏杆，取而代之的是用橙色和绿色的瓦分为两层并相互交替装饰，如第223页图10所示。此外，万寿山登上佛香阁的台阶也全都使用了此种手法。

最后，还有一点关于屋顶瓦片的叙述，那就是这种彩色的瓦片并不能算是品位特别高的东西。除此之外，它太过于艳丽又确实有很高的光泽度，既有能与龙宫相提并论如瀛台那样美丽的建筑，也有如儿戏般的装饰。然而，不论它按照什么手法进行装饰，只要是品位较高的手法都可以成为我们的借鉴。

第五节　建筑整体色彩协调程度

完成了对建筑各个部分配色的说明，现针对其各部分配色与建筑整体色调的协调程度进行少许说明。当然，由于建筑建成年代的不同，色彩自身也会产生差异，从而其协调程度也会不免随之发生变化。故而无法一概而论，特地选取其中的一座宫殿来进行说明，其他的则根据此进行推测，即以随着时间推移虽然颜色有所改变，但尚且能够比较清晰辨别出颜色的乾清宫（第二十六图，第226—227页）为例进行补充。

一、外部

第二十六图写生于乾清门处，在此距离下望向乾清宫，带有橙色的金色屋顶在青色天空的映照下闪闪发光，其下即为全彩色的部分。在深暗的阴影下，其间是青色与绿色交替的斗拱，斗拱间的红色底色上绘有发光的金龙。斗拱之下的小额枋呈现出青紫色，深绿色底色上是散发着光泽的金龙和藤蔓纹样，也可微微看见施以"五返涂"技法的零散的云。此外，红色底色的垫板上夹杂着飞腾的龙。

当然，如前述所说，乾清宫的配色非常拙劣，其外部较为明显的青色也大面积褪色了，加上所有的红色、绿色、橙色都褪色了，金色散发的光泽也多多少少有所下降了。然而，若从远距离对天空、屋顶以及全彩色的部分进行整体上的比较，青紫色和深绿色则占据了其主要的部分，金色只是在其间散发着光泽，而剩余的橙色和红色则并不引人注目。总之，这部分的配色会引起强烈的寂寥冷清之感。

接下来，柱子、殿门以及其左右连续的墙体全部为红色，但由于其稍微有所褪色，阳光直射下呈现出一种沉静的红色。在地面与建筑物相接的部分，尤其是太和殿等耸立了三层白色大理石的石台，像这样的亮色与暖色的搭配使得画面非常丰富，但彩色程度较深、颜色较艳丽的部分则与之相反，却是非常阴暗的冷色调。然而，如果从天空、建筑物、地面与建筑连续的墙体等关系来看，虽然稍显浓厚，但也能保持相对协调。

建筑全彩色的部分可以感受到寒意，尤其在回廊部分的所有装饰都缺少暖色，仅有那么一小点不协调的金色散发着微弱的光泽，整体呈现出阴沉而不愉快的色调。总的来说，乾清宫在施以全彩色手法时，若能使用如橙色、红色以及金色的暖色并保持其光泽度，虽然会失去一些厚重感，但是可以避免让人感觉太过清寒。

乾清门、交泰殿、坤宁宫与乾清宫相比，其褪色程度不相上下。太和殿、中和殿、保和殿以及午门则完全看不到色彩了，远远望去屋顶的颜色像树枝一样，但可以想象其当初的色彩甚为华丽。唯独太和门并没有使用青紫色作为建筑的底色，取而代之的是使用了红色的穿插枋，全彩色的部分则主要可以看到浓度较高的深绿色和红色。同时，至今只有金色没有变色，其尚能留存下来并散发着明亮的光泽。金色和彩色的调和消除了太和殿的寒意，远远望去建筑整体上能够保持平衡。尽管如此，太和门装饰的品位与乾清门相比仍甚为拙劣。

皇极殿、宁寿宫、储秀宫等后宫诸殿的配色，与太和门极为相似。

所有浓度高的颜色都使用了原色和间色，别说是在施以色彩时有着较为全面的考虑了，就连配色也较为杂乱，打破了沉静的氛围，不免陷入浮夸的境地。然而，外部彩色建筑的部分除受到了屋顶的阴影遮蔽，其他大部分的颜色是暖色，表现出一种沉寂的气氛。在今日颜色有褪色的情况下，正如前述所说那样呈现出了一种寂寥无人的感觉。

地面除了使用白色大理石的位置外，基本都铺设了灰色的砖石。白色大理石地面上的建筑，其总体区分非常明晰，结构也非常牢固，充分营造了崇高以及庄严的氛围。若对整体的暖色和冷色的面积进行比较，不得不说前者远远超过了后者，其冷色部分只有青色的天空。除了紫禁城中路部分外没有在别处进行种植树木等，这就不可避免地会看到剩下的暖色，而在炎热酷暑的夏季这种感觉会更为明显。与此同时，在考察时还发现了从灰色的砖瓦间隙中长出的类似藜的杂草，当其非常茂盛时高度可以达到二三尺至六七尺，以及其枝叶从灌木丛的一角进行伸长，并开出了各种纯白色的小花且凌乱地围绕在台阶的四周。这种景象不得不说实在是有趣并且富有诗意的，其温和的绿色与大理石的白色、围墙的红色巧妙地维持了协调，整体色调非常柔和。当然，这属于配色之外的事情，因为这些植物会被寒冷的天气所打败，当冬天来临时会诱导观赏建筑色彩者感受到暖意，然而可以想象到的是杂草、灌木的影子太多则会给人不舒服的感觉。

二、内部

那么，内部是如何的呢？根据观察，内部与外部几乎是施以同样的配色手法，其褪色的程度相对较轻，因而其颜色会更加清晰一些。

中和殿、保和殿的配色色调偏沉静，内部有较厚的由额垫板，与外部相比使用了更多的红色，墙壁的颜色也是用黄色与红色进行涂饰，冷色与暖色有着较为和谐的比例，这也是在采光不充分且较暗的建筑中能够保持整体颜色协调的两大主因。此外，随着时光流逝，颜色多少会有些改变，可以想见的是颜色变得更为暗沉了。若是对这两所宫殿全部进行重新涂饰，即使喜欢这种颜色也应高度注意，虽然界限尚不明确，但应该首先获得与效果接近的颜色。

太和殿配色的华丽程度次于中和殿、保和殿，乾清门、交泰殿、乾清宫的配色又次于太和殿。乾清宫使用了没有调和的强烈色彩，这大大妨碍了其整体的色彩协调。与上述的各殿门相比，可以看到乾清宫有着巨大的差距，它的梁使用了令人感到厌恶的浓重的靛蓝色，即使几十年、几百年过去了，其经过褪色后还是难以表现出高品位来。太和门的内部与外部没有什么大的差别，尤其不协调的是天花板的配色。午门依旧是整体红色较多，没有浮华的缺点，但非常暗沉，反而生出沧桑之感。

其他新建的各宫殿，大多与乾清门、交泰殿以及太和门类似。

简单来说，建筑物整体的协调程度绝对不可能是完美的，除最接近近代建造的建筑外，其他的建筑确实可以说在某种程度上是成功的或者说是极其优美的。此外，即使是最高级的装饰，若经常见到并仔细观赏，时间长了也不免会催生厌烦之感。至于这种华丽而庄严的装饰方法，是否能永远保持赏玩的价值呢？我以为，答案肯定是否定的。

第三章　皇城建筑装饰评价

最后，针对前两章所叙述的皇城建筑装饰来谈谈看法。

一、绝对的对称。正如建筑布局遵循绝对的对称，装饰的纹样同样有绝对对称的。作为宫殿建筑的装饰，营造的是一种崇高、庄严的感觉，而从这一点来说对称是最为合适的处理手法。其成功地渲染出了庄严的氛围，加上外部清秀高耸的石台，其他各个宫殿均为纯白色的大理石铺地，更进一步加强了这种感觉。

二、巧妙地在同一空间中填充特定的纹样。

三、运用简单的对色来营造出丰富有趣的效果。

四、不拘泥于粗糙散漫的装饰手法，从远处观赏仿佛油画；与之相反，当近距离观赏时可以看到器具类的物品上施以精巧的装饰手法。

以上属于建筑装饰的优点总结，接下来对缺点进行概述。

五、完全没有简洁的趣味。所有的装饰手法均经过精心的设计，其形状表现非常复杂，完全缺失了简洁却富有趣味这一重要的方面。

六、空间与纹样的关系没有变化。所有相同的空间均使用完全一致的纹样，没有间隙地进行全部填充，不存在任何留白空间。

七、同一手法反复使用，缺乏设计的变化。不论空间的宽阔或狭窄、长或短，总是费尽心思地反复使用同样的手法，纹样、颜色都没有任何变化，更不可能只根据建筑的性质以及所处的位置在同样的装饰精神下追求变化。与其说是根据设计意图，不如说是应该根据建筑物来选择不同的装饰并互相适应，但像这样的设计理念完全不能在皇城的建筑装饰中见到。

八、手法过于粗糙，若是细看则很容易指出装饰纹样的问题。现在对这种情况进行简要说明：若从紫禁城的午门进入皇城内进行整体观察，最开始眼前全部是璀璨夺目的彩色建筑，使人对其大胆的手法大为吃惊；而后，忽然发觉其装饰手法毫无变化，同样也让人感到哑口无言。简要来说，其装饰手法千篇一律，缺少趣味，再加上技艺的粗糙散漫，这种装饰持续映入眼帘则会使人产生不愉快的感受。

保和殿后部的中央特别是下部的台阶使用长五十五尺五分、宽十尺一寸五分的一整块大理石作为材料，可以充分看到其施以的装饰和雕刻，各处所见都十分单调，缺乏变化：九条三双足的龙乘着翻滚的浓云，而浓云恰如流水一般，仿佛龙在河水中流动。这种感觉在雨天时会更加强烈，只可惜这般巨大的材料上最终变得空无一物。这样的例子数不胜数，本来依据空间的长短、宽窄来选择适当的纹样样式，纵横自在地进行设计完全是有可能看得到的，但通常填充大面积的材料时则使用大的龙，并且总是像这样单纯的墨守成规。

接下来，对紫禁城中殿门建筑装饰的优劣处进行说明，并更进一步就各个部分进行多次比较说明。

紫禁城中路部分的中和殿、保和殿总的来说最为优秀，太和殿次之（午门和太和殿十分相似，内部的色彩与太和门相似，大概是依照太和门的模样仿制出来的），乾清门、交泰殿、坤宁宫（交泰殿和坤宁宫所有的地方都一致）则更为次之。乾清宫是最为拙劣的，在太和门拙劣的程度上更进一层。其他位于东、西两路的诸宫殿，大多数都和乾清门以下的建筑有相似的地方。最近修建的建筑是被称作"清晖（大清的日光）"的万寿山离宫、天坛的祈年殿，其装饰的拙劣绝对无法与中和殿、保和殿等的装饰相提并论，甚至极端地说是"堕落"到了极点。那些新建造的宫殿及后宫诸宫殿，其装饰技艺与万寿山离宫不分伯仲。

再说建筑古老的程度，若从色彩、纹样、雕刻等总体技艺上思考比较，中和殿、保和殿一定是最古老的建筑，其是在明代进行修建的。第二位则是太和殿以及午门（修建于明末清初），而其他的建筑则不难想象均为清代所建，最新近修建的建筑更是一目了然。

根据本次实地的调查，如上所述将按时代进行划分。明代的建筑与清代的建筑相比，其装饰的纹样、色彩的搭配以及其他的彩绘、雕刻等没有什么差别。从技艺上说，清代的装饰可以看出非常劣质，即使是清代所建也不比明代的品质更好，尤其是近代的装饰拙劣杂乱的程度更甚之，实在是令人感到惊讶。此外，还有一些如在描绘自然物凹凸的表面，门窗的隔扇有类似冰冻龟裂一样的裂缝，又或者在隔墙上陈列了各种奇怪形状的窗户，可以说实在是缺乏常识的装饰手法。

随着时间流逝，无论新旧的品质有何差异，它们都会逐渐恶化并累积和沉淀下来。此外，大概不得不提及这种情况的一大原因，即设计者丝毫没有自己的创作，一点也没有对自己的设计手法进行磨炼和努力，只是一味地墨守成规。简要来说，不得不将这种罪状归因于设计者的头上，尤其是近代的建筑装饰，其模仿的手法逐渐陷入了拙劣的地步，丝毫看不到其用心设计的痕迹。例如，龙、凤凰的轮廓皆有破损，藤蔓纹样失去了弯曲的妙趣，配色也十分不和谐等，足以证明其模仿何其失败。

现在，明朝遗迹的宫殿仅仅是进行了保留，没有任何修缮，且宫殿处在逐渐荒废的状态。与此同时，其装饰是否会有全部消失的那一天不得而知，但那实在是令人感到非常惋惜的。幸好，此行可以进行整体的调查，为此深感荣幸。

第四章　皇城建筑装饰图样

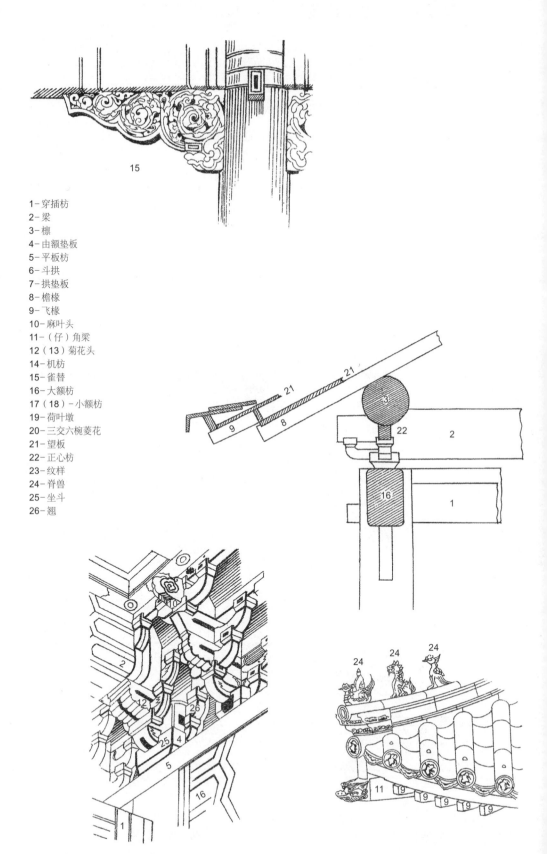

1- 穿插枋
2- 梁
3- 檩
4- 由额垫板
5- 平板枋
6- 斗拱
7- 拱垫板
8- 檐椽
9- 飞椽
10- 麻叶头
11-（仔）角梁
12（13）菊花头
14- 机枋
15- 雀替
16- 大额枋
17（18）- 小额枋
19- 荷叶墩
20- 三交六椀菱花
21- 望板
22- 正心枋
23- 纹样
24- 脊兽
25- 坐斗
26- 翘

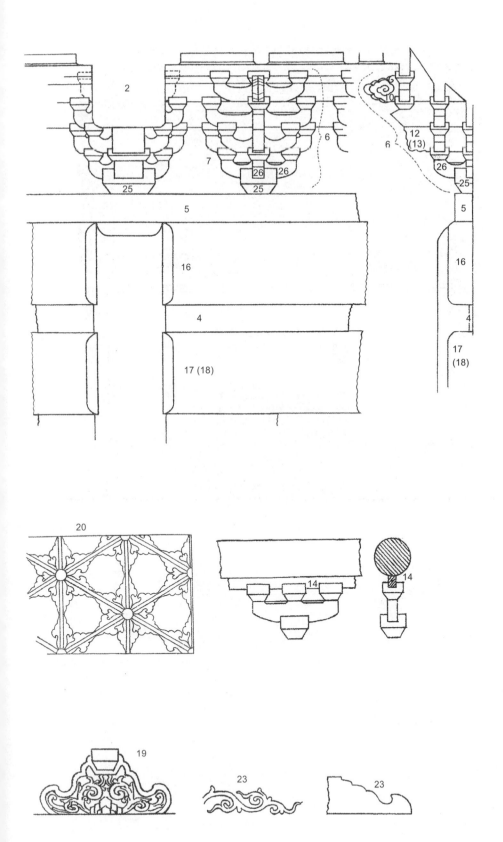

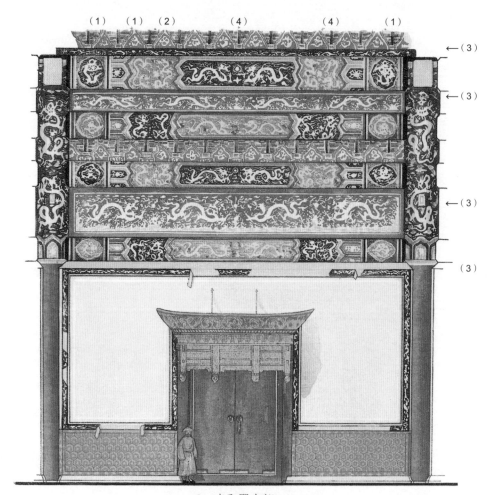

A　太和殿内部

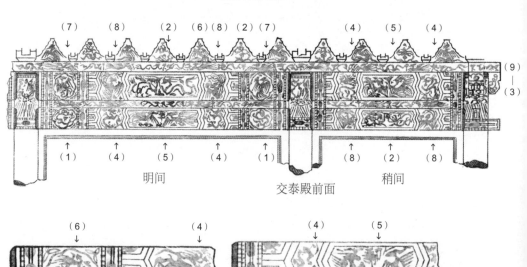

明间　　　　　　　　　　　　　交泰殿前面　　　　　　稍间

　B　交泰殿内部

图1—11 乾清门、太和殿脊兽

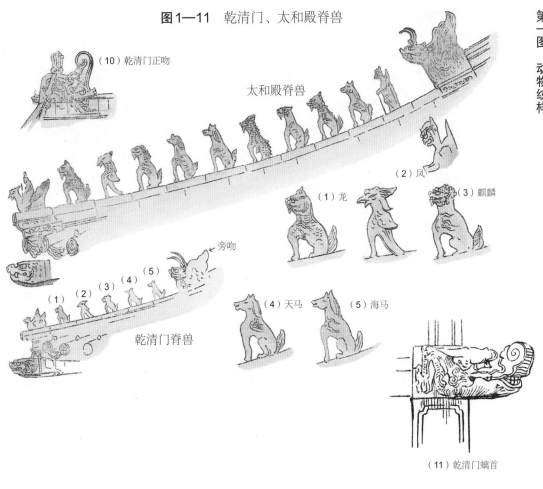

（10）乾清门正吻

太和殿脊兽

（2）凤

（1）龙 （3）麒麟

旁吻

（1）（2）（3）（4）（5）

乾清门脊兽

（4）天马 （5）海马

（11）乾清门螭首

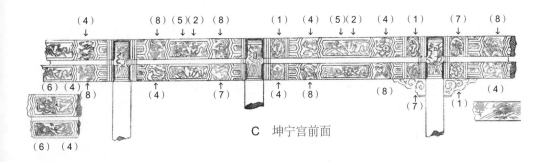

（4） （8）（5）（2）（8） （1） （4） （5）（2） （4） （1） （7） （8）

（6）（4） （8）
（4） （7） （4） （8） （8） （7） （1）
（4）

（6） （4）

C 坤宁宫前面

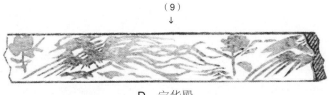

（9）

D 宝华殿

图 12 中和殿前白色大理石台阶上的浅浮雕

图 13 中和殿前白色大理石台阶上的浅浮雕

图 14-1 太和殿三层须弥座白色大理石台阶上的浅浮雕

图 14-2 太和殿三层须弥座白色大理石台阶上的浅浮雕

图 15　太和门后白色大理石台阶上的浅浮雕

图 16　太和门后白色大理石台阶上的浅浮雕

图 17　太和门后白色大理石台阶上的浅浮雕

图18 保和殿前白色大理石台阶上的浅浮雕

图19 钦安殿前白色大理石台阶中间石头上的浅浮雕

图20　中和殿后白色大理石台阶上的浅浮雕（左侧雕刻马的纹样）

图21　御箭亭后白色大理石台阶上的浅浮雕（搭配云彩和岩石的纹样）

图22　中和殿白色大理石台阶上的浅浮雕

图23　乾清宫前白色大理石台阶中间石头上的浅浮雕

　图25　万寿山佛香阁门（木）上的半浮雕

图24　仪鸾殿北建筑回廊门（木）上的
半浮雕

万（卍）字结 →

图26-1　长春宫窗框

A →

万字结

图26-2　长春宫窗棂（木）

把手

图27　翊坤宫内门上金属部件
（铜）上的线雕

图28　雨华阁内法器（木）上的浅
浮雕

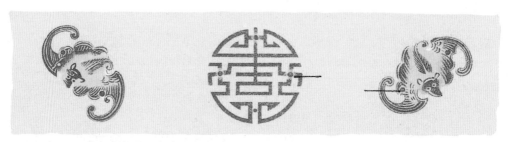

图29　翊坤宫内法器（木质底上的金属铜部件）上的浅浮雕

图30　斋宫内法器（木）上的浅浮雕

图31　斋宫内法器（木）上
的浅浮雕

图32　中正殿后佛堂内龛顶上的部分浅浮雕（角）

第一图 动物纹样

图33-1 御箭亭内宝座后屏风（木）边缘深色底色上镶有白色的镀金龙浮雕

图33-2 御箭亭内宝座后屏风

图33-3 御箭亭内宝座后屏风

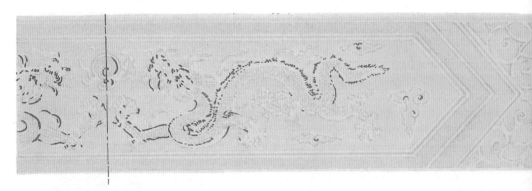

图1　乾清宫前庭神龛（金铜）大额枋局部　线雕

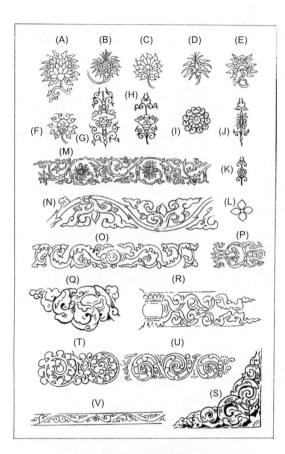

图2　太和殿宝座香炉（青铜七宝）上镶嵌的纹样

图3　太和殿宝座香炉（青铜七宝）上镶嵌的纹样

图6　太和殿宝座香炉（青铜七宝）上镶嵌的纹样

图4　太和殿宝座香炉（青铜七宝）上镶嵌的纹样

←绿色

←青色

唐草金（涂上白粉后镀金）

←绿色

红色

图5　太和殿宝座香炉（青铜七宝）上镶嵌的纹样

图7　天坛祈年殿内左侧某柱子上部的彩色图案

图8 坤宁宫殿门金属件（铜）上的浅浮雕

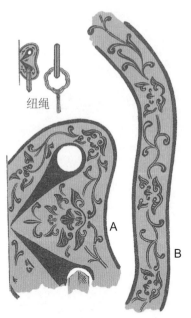

纽绳

图9 交泰殿殿门把手铜片上的浅浮雕

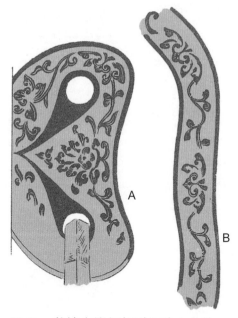

图10 乾清宫殿门把手铜片上的浅浮雕

图11 宝华殿内法器（木）上的浅浮雕

图12　钦安殿白色大理石石栏柱上部的浅浮雕

图13　西街金水桥白色大理石石
栏柱上部的浅浮雕

图14　西街金水桥白色大理石石
栏柱上部的浅浮雕

图15　天坛祈年殿四天柱部分

图 16 养心殿中门侧石（白色大理石）
上的浅浮雕

图 17 太和门白色大理石台阶中间石头边缘的浅浮雕

图 18 乾清门前白色大理石台阶中间石头边缘的浅浮雕

图19　中和殿基台（白色大理石）上的浅浮雕

图20　宁寿宫西门侧石（白色大理石）上的浅浮雕

图21　宁寿宫西门侧石（白色大理石）上的浅浮雕

图22　乾清门前庭狮子台（白色大理石）上的浅浮雕

图23　钦安殿白色大理石台阶垫板边缘上的纹样　浅浮雕

图24　储秀宫前庭鹿台（白色大理石）上的浅浮雕

图25　金水桥石栏（白色大理石）垫板边缘（横）上的浅浮雕

图29　乾清宫前白色大理石台阶中央一石头边界部分采用的浅浮雕

　　　　　图30　乾清宫前白色大理石台阶中央一石头边界部分采用的浅浮雕

图26 乾清宫前庭嘉量（白色大理石）上的浅浮雕

图27 乾清宫前庭嘉量（白色大理石）上的浅浮雕

图28 金水桥石栏（白色大理石）垫板上边缘

图31 乾清宫前白色大理石台阶中央一石头边界部分采用的浅浮雕

图32 万寿山狮子台（青铜铸件）局部（A）

图33 乾清宫内宝座上陶制狮子的火焰（象眼）

085

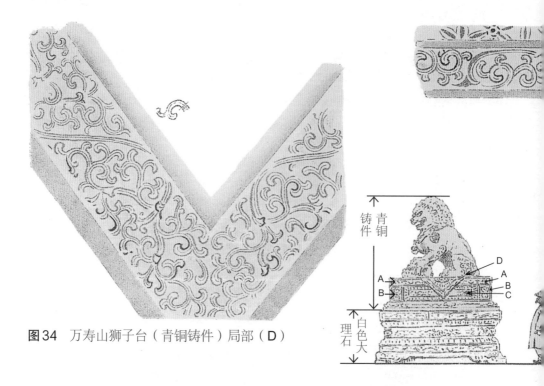

图34　万寿山狮子台（青铜铸件）局部（D）

图35　万寿山狮子台（青铜铸件）局部（D）

大额枋－

垫板－

小额枋－

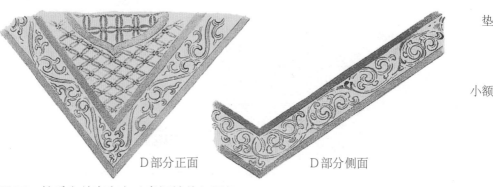

D部分正面　　　　　　　　　　D部分侧面

　图36　储秀宫前庭鹿台（青铜铸件）局部

图37 储秀宫前庭鹿台（青铜铸件）
局部

图38 太和门前庭狮子台（青铜铸件）
局部（D）

第二图 植物纹样

A部分

B部分

图39 太和门前庭狮子台（青铜铸件）局部
（A、B）

绿底

红底

青底

G-绿色
R-青色
K-金色

图40 天坛祈年殿左侧某殿内的彩色纹样（纹样轮廓均用白色胡
粉镀金）

第二图　植物纹样

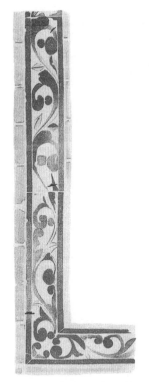

图41　南海东岸附近围墙边缘的纹样瓦（灰色）

图42　雍和宫内法器（木）上的浅浮雕

图43　坤宁宫前的日晷台（青铜）

图45　斋宫内器具上的浅浮雕

图47　斋宫内法器（金属）

图44 体元殿内器具（金属）

图46 乾清宫宝座（木）上的深浮雕

图48 中和殿基台（白色大理石）中部的浅浮雕

图49 太和门前庭狮子台（青铜铸物）局部

图50　乾清宫内部门上的六叶铜片　线雕

图51　乾清宫内部门上金属件上的线雕

图52　乾清宫侧面门上的金属件

图53　乾清宫内部门把手铁片上的线雕

图54　养心殿台阶（白色大理石）中央一石头部分边缘的浅浮雕

图55　钦安殿石栏（白色大理石）垫板边缘（上部）

图56　太和门置物台（白色大理石）
局部

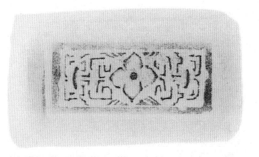

图57　中正殿后侧佛堂内法器（木）上的
浅浮雕

图58　乾清宫侧室内某桌案上的
浅浮雕

图59　乾清宫侧室内某桌案上的
浅浮雕

图60　储秀宫前庭龙纹（白色大
理石）的一角的浅浮雕

图61　雨华阁内法器（唐草镀金并压
印在一层白色胡粉上）

图62　中和殿内宝座椅子上的铜片

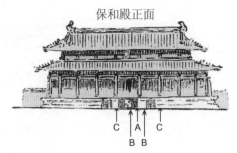

保和殿正面

A.该部分由一块巨大的石板组成，有龙和云图案的深浮雕，边缘有藤蔓纹样的浅浮雕。

B.该部分台阶踏面上有灵兽、灵鸟的浅浮雕。

C.该部分踏面只雕刻了云纹。

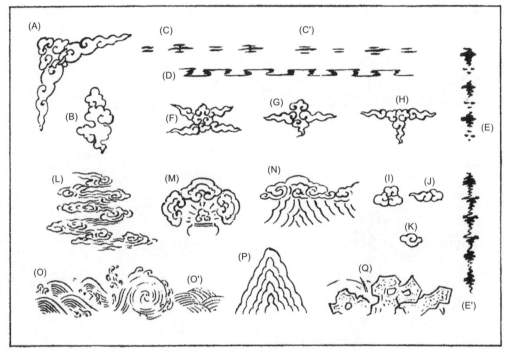

图1　保和殿前面台阶（C）部分　浅浮雕

图2　西街金水桥石栏杆（白色大理石）局部

图3　太和门石栏杆局部

　图4　天一门前装饰石台（白色大理石）局部

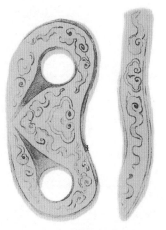

图5　养心殿殿门把手上的铜片

图6　保和殿殿门把手上的
铜片

图7　太和殿内香炉（青铜）局部

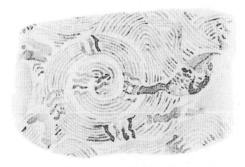

图8-1　乾清门白色大理石台阶（B）部
分　浅浮雕

图8-2　乾清门白色大理石台阶（B）部分　浅
浮雕

图9　太和殿白色大理石台阶（B）部
分　浅浮雕

图10　斋宫内法
器（木）局部

图1　斋宫内香炉台（一穿插枋是打开的）上部的纹样

图2　太和门前庭嘉量（白色大理石）局部

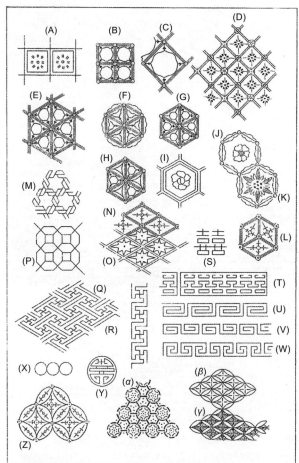

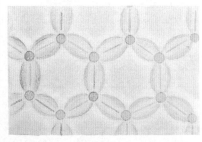

图5　养心殿前庭狮子台（青铜）上的地纹　浅浮雕

图3　乾清门前庭狮子台（白色大理石）上的地纹　浅浮雕

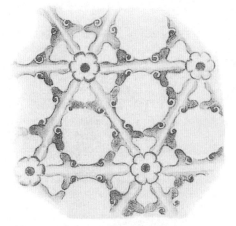

图4　宝华殿内神龛内门（木）上三交六椀菱花局部

图6　宝华殿内铜制神龛（青铜）腰垫板局部

图7　宝华殿内法器（金属）局部

图8　万寿山某殿（全部用青铜制成）腰垫板局部

第四图　几何纹样

图9　储秀宫前庭鹿台（青铜）局部

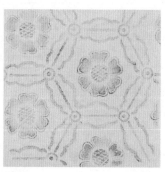

图11　太和殿前白色大理石台阶踏面地纹局部　浅浮雕

图12　太和门白色大理石台阶踏面地纹局部　浅浮雕

图13　乾清宫前白色大理石台阶中央一石头部分地纹局部　浅浮雕

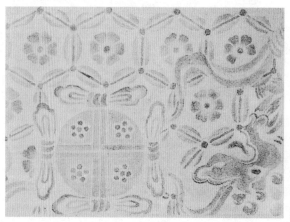

图14　保和殿后面白色大理石台阶踏面地纹局部　浅浮雕

096

图10　钦安殿前白色大理石台阶踏面地纹局部　浅浮雕

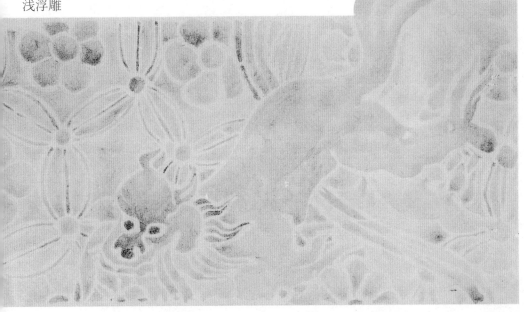

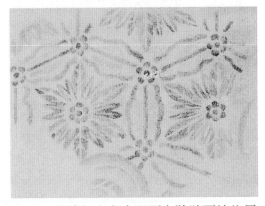

图15　乾清门白色大理石台阶踏面地纹局部　浅浮雕

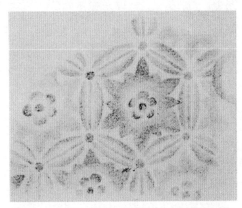

图16　太和门白色大理石台阶踏面地纹局部

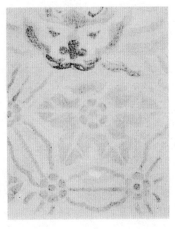

图17　御箭亭白色大理石台阶踏面地纹局部　浅浮雕

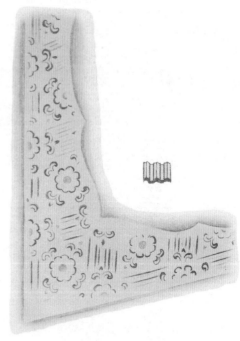

图18　太和门前庭狮子台（青铜）局部　　**图19**　万寿山狮子台（青铜）局部

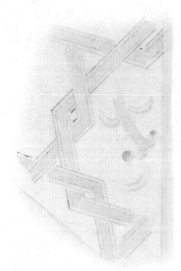

图20　乾清宫前白色大理石台阶中央部分—石头上的
　　　　浅浮雕

　图21　乾清门前庭狮子台（白色大理石）局部　浅浮雕

图22　斋宫内宝座后屏风（木）　图23　乾清宫内宝座后屏风（木）局部
局部

图24　斋宫内法器（金属）局部　图25　宝华殿内法器（金属）
局部

图26　长春宫窗棂框架（木）局部

图27 乾清宫内香炉（青铜）局部

图28 太和门内香炉（青铜）局部

图29 中正殿内法器（金属）局部

图30 宝华殿内法器（金属） 图31 斋宫内法器（金属）局部
局部

图32 景阳宫内器具（木）局部

图33 斋宫内法器（金属）局部

图34　养心殿前庭香炉（青铜）局部

图35　太和殿前庭宝鼎底座（白色大理石）局部

图36　宝华殿内法器（金属）局部

图37　斋宫内镜子边缘
（木）局部

101

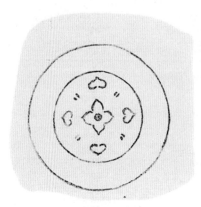

图38　斋宫内器具（木）局部

图39　中正殿后佛堂内法器（木）局部

图40　中正殿后佛堂内法器（木）局部

图41　斋宫内器具（木）局部

图42　斋宫内器具（木）局部

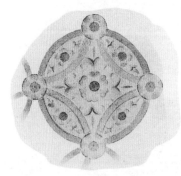

图43　太和门前庭铜制狮子台局部

图44　保和殿内宝座后屏风（木）局部

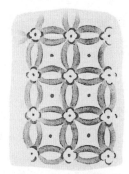

图45　养心殿前庭狮子台（青铜）上部地纹局部

图 46　万寿山青铜制狮子台局部

图 47　太和殿内宝座后屏风（木）局部

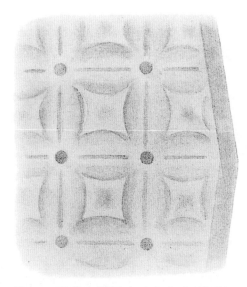

图 48　万寿山狮子台（白色大理石）地纹局部

图 49　景阳宫内宝座后屏风（木）局部

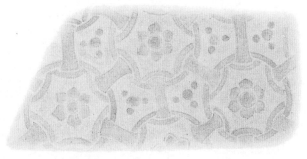

图 50　中正殿后佛堂内法器（金属）局部

图 51　钦安殿前面白色大理石台阶中央一石头地纹局部

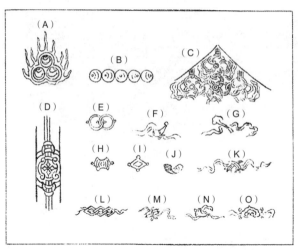

图 1—10 中和殿、保和殿基台部分浅浮雕 "宝物" 图案局部

图 1

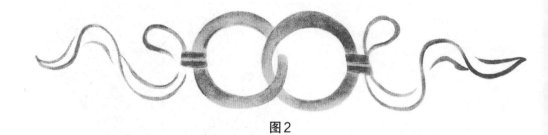

图 2

图 3

图 4

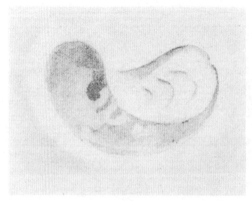

图 5

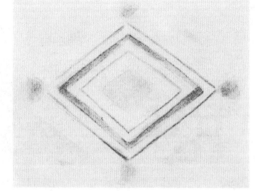

图 6

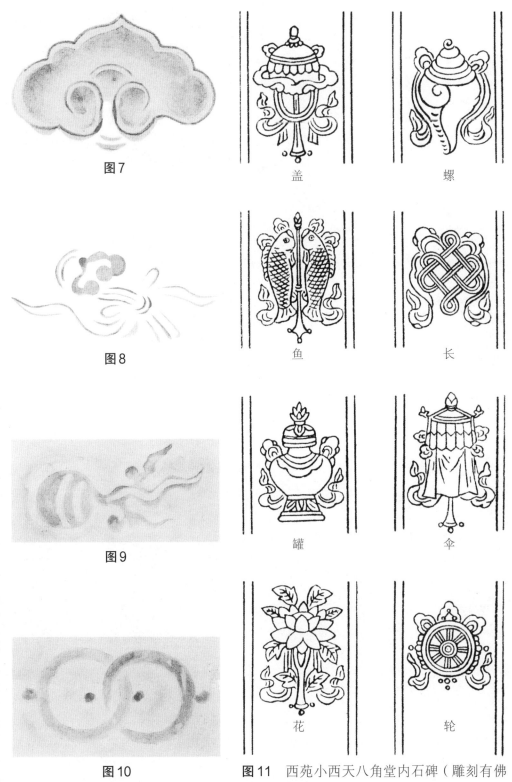

图7

图8

图9

图10

盖　　　　　　螺

鱼　　　　　　长

罐　　　　　　伞

花　　　　　　轮

图11　西苑小西天八角堂内石碑（雕刻有佛像）边缘的八宝　线雕

图 12 太和殿前白色大理石台阶踏面上的浅浮雕

图 13 乾清门白色大理石台阶的踏面 浅浮雕

图 14 太和门白色大理石台阶的踏面 浅浮雕

图15 太和门白色大理石台阶的踏面 浅浮雕 | **图16** 太和门白色大理石台阶的踏面 浅浮雕

图17 太和门白色大理石台阶的踏面 浅浮雕

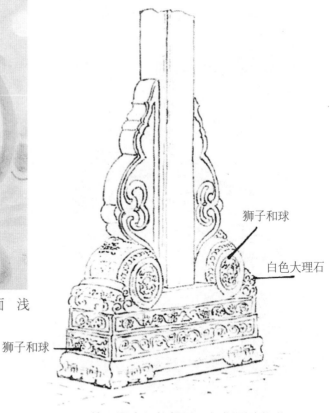

狮子和球

白色大理石

狮子和球

图19 养心殿中门柱柱础（根据照片临摹）

图18 钦安殿屋脊装饰（根据照片临摹）

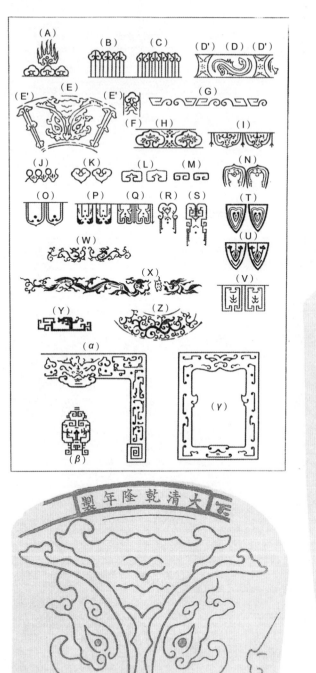

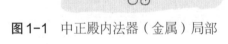

图1-1　中正殿内法器（金属）局部　　　　图1-2　中正殿内法器（金属）局部

图2　中正殿内法器（金属）
局部

图3　宝华殿内法器（金属）
局部

图4　中正殿内法器（金属）局部

图5　宝华殿内法器（金属）局部

图6　雨华阁内法器（金属）局部

图7　雨华阁内法器（金属）局部

图8　雨华阁内法器（金属）局部

图9　中正殿内法器（金属）局部

图11　景阳宫内器具（木）局部

图10　雨华阁内法器（金属）局部　图12　斋宫内器具（木）局部
（用在塔身上的物件）

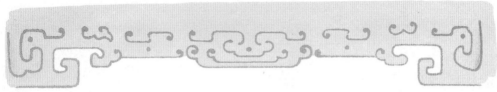

图13　中正殿后佛堂内法器（木）局部

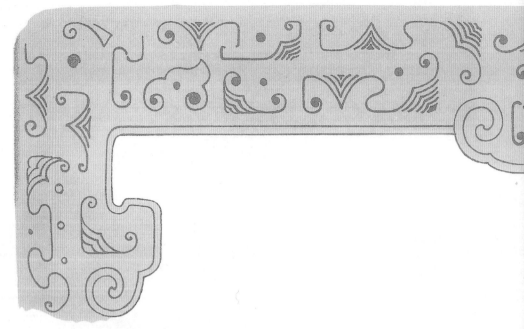

图14　乾清宫内侧房间中桌子局部

图15-1　交泰殿内宝座椅子（木）局部

图 15-2 交泰殿内宝座椅
子（木）局部

图16-1　养心殿内椅子（木）局部

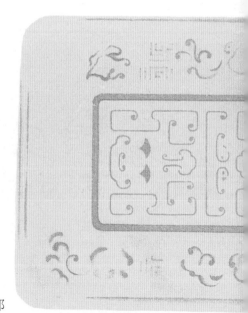

图17　养心殿内器具（木）局部

　　　　　图18　宝华殿内器具（木）局部

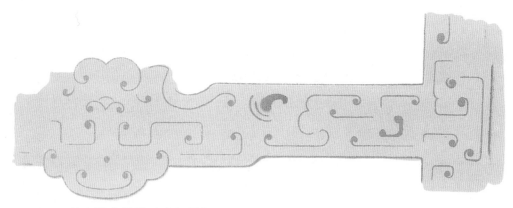

图16-2 养心殿内椅子（木）局部

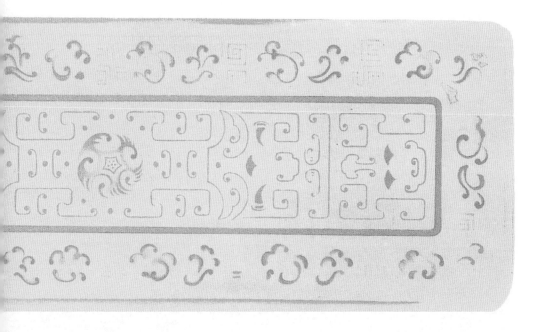

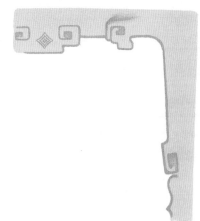

图19　体元殿内桌子腿（木）局部

图20　中正殿后佛堂内法器
（木）局部

　图21　斋宫内法器（木）局部

图22　斋宫内法器（木）局部

图23　体元殿内表台（木）局部

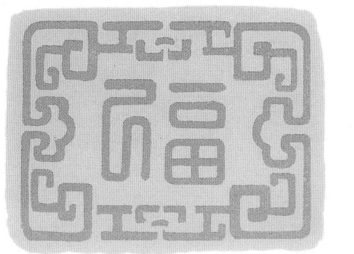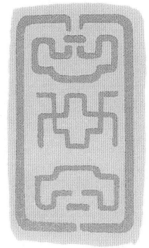

图24-1　体元殿内孔雀羽毛装饰台（木）局部

(a)

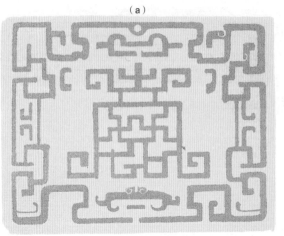

(b)

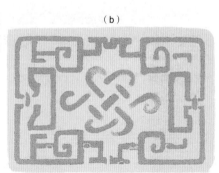

图24-2　体元殿内孔雀羽毛装饰台（木）局部

　图25　文渊阁内桌子腿（木）局部　　　**图26**　中和殿宝座椅子（木）局部

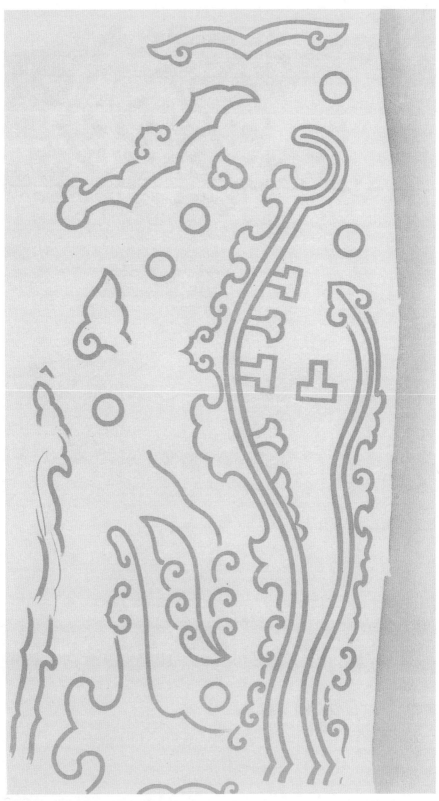

图27　雨华阁前庭香炉（青铜）局部

图28 天一门侧石（白色大理石）局部 浅浮雕

图29 斋宫内法器（木）局部

图30 斋宫内法器（木）局部

图 31　乾清宫内火钵台（木）局部

图 32　宝华殿内法器（木）局部

图 33　斋宫内法器（木）局部

图34　交泰殿内宝座（木）局部

图35　太和殿内香炉（青　　图36　中正殿后佛堂内法器（木）局部
铜）局部

图37　中正殿后佛堂内法器（铁）局部

图38　中正殿后佛堂内法
器（金属）局部　线雕

图39　斋宫内法器（木）局部

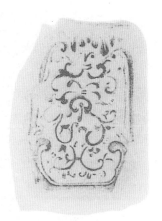

图40　斋宫内法器（金属）局部

图41　中正殿后佛堂内
法器（木）局部

图42　宝华殿内法器
（木）局部

图43　宝华殿内法器（木）局部

图44　中正殿后佛堂内法
器（木）局部

图45　储秀宫前庭龙台（青铜）局部

图46　中正殿后佛堂内法器（木）局部

图47　中正殿后佛堂内法器（木）局部

图48　雨华阁内法器（木）局部

图49　斋宫内法器（木）局部

图50　储秀宫前庭龙台（青铜）局部

图51　斋宫内法器（木）局部　图52　中正殿后佛堂内法器（木）局部　图53　宝华殿内法器（木）局部

图54　雨华阁内法器（木）局部

图55　中正殿后佛堂内法器（木）局部

图56　中正殿后佛堂内法器（木）局部

图57　养心殿内器具（木）局部

图58-1　太和殿前庭青铜鹤的底座（白色大理石）局部　浅浮雕

图59　乾清宫前庭嘉量（白色大理石）局部

图60　西街金水桥石栏（白色大理石）局部（垫板的下边缘）　浅浮雕

图58-2　万寿山石栏（白色大理石）局部　浅浮雕

图61　钦安殿石栏（白色大理石）局部

图62　钦安殿前庭石头装饰台（白色大理石）局部

图63　宝华殿内法器（木）局部

图64　雨华阁内法器（金属）局部　　　129

图65　乾清宫内火钵台（木）局部

图66　宝华殿内法器（木）局部

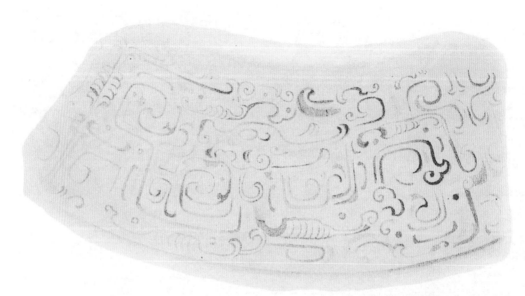

图67　太和殿内香炉（青铜）局部

图68　雍和宫内法器（青铜）局部

图69　宝华殿内法器（木）局部（塔的栏杆）

图70　宝华殿内法器（木）局部

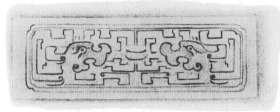

图71　雨华阁内法器（木）局部

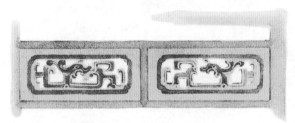

图72　雨华阁内法器（木）局部（塔的栏杆）

图73　宝华殿内法器（金属）局部

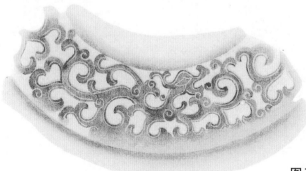

图74　太和殿内器具（青铜）局部　　131

图75 交泰殿内器具（铜）盖 图76 斋宫内法器（木）局部
子局部

图77 斋宫内法器（金属）局部

图78 太和殿内香炉（青铜）局部

图79　斋宫内法器（金属）局部

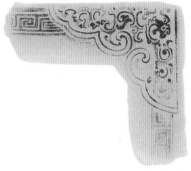

图80　斋宫内法器（木）局部

图81　雍和宫内法器（金属）局部
（大清道光己亥年夏制造）

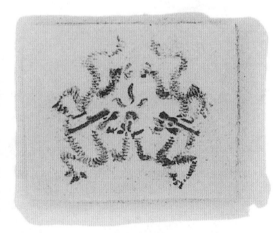

图82　斋宫内法器（木）局部

图83　养心殿内器具（木）局部

133

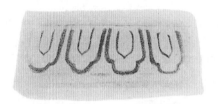 

图84 景阳宫内器具（木）局部　　图85 景阳宫内器具（木）局部

图86 中正殿后佛堂内塔（白色大理石）局部　浅浮雕

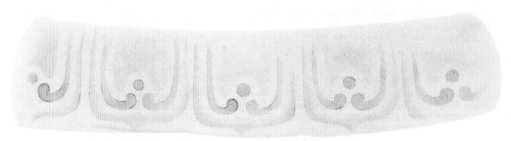

图87 太和殿内前庭宝鼎底座（白色大理石）局部

图88 钦安殿前庭石饰台（白色大理石）局部　浅浮雕

图89　景阳宫内器具（金属）
局部

图90　景阳宫内
法器（金属）局部

图91　交泰殿内器具（金属）
局部

图92　太和殿内香炉（青铜）局部

图93　保和殿内香炉（青铜）局部

图94　斋宫内法器（金
属）局部

图95　中正殿后佛堂内法器（金属）
局部

图96　养心殿内器具（木）局部

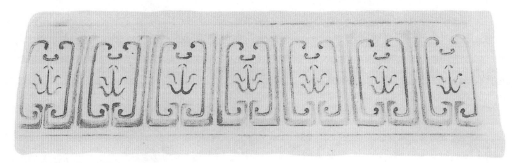

图97　雨华阁内法器（金属）局部

图98　景阳宫内器具（木）
局部

图99　宝华殿内法器（金属）局部

　图100　景阳宫内器具（木）局部

图 101　太和殿内香炉（金属）局部

图 102　翊坤宫内器具（金属）局部

图 103　太和殿内器具（金属）局部

图 104　交泰殿器具（金属）局部

图 105　景阳宫内器具（金属）局部

图 106　交泰殿内器具（金属）局部

图 107　雍和宫内法器（金属）局部

图 108　中正殿后佛堂内法器（木）局部

图 109　中正殿后佛堂内法器（木）局部

图 110　宝华殿内法器（塔）局部

图 114　天一门前石饰台（白色大理石）局部

图111　宝华殿内法器（木）局部

图112　斋宫内法器（木）局部

图113　宝华殿内法器（木）局部

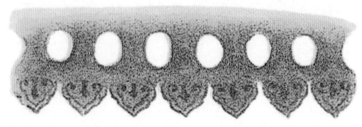

图115　太和殿内香炉（青铜）局部

139

 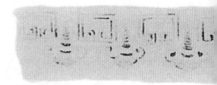

图116　西苑内铜制狮子的纹样

图117　雍和宫内法器（金　　图118　雍和宫内法器（金属）局部
属）局部

图119　雍和宫内法器（木）局部　　图120　宝华殿内法器（金属）局部

图121 宝华殿内法器（金属）局部

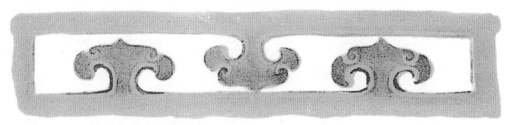

图122 斋宫内法器（木）局部

图123 太和殿内香炉（青铜）局部

图124 交泰殿内香炉（金属）局部

图125 斋宫内法器（神手中的象征性物件）

141

图 126　中正殿后佛堂内法器（木）局部　图 127　斋宫内法器（木）局部

图 128　中正殿后佛堂内法器（木）局部　图 129　中正殿后佛堂内法器（木）局部

图 130　中正殿后佛堂内法器（木）局部

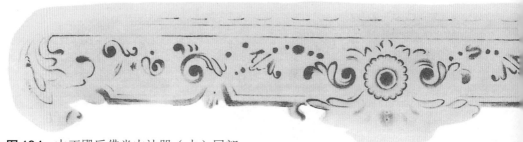

　图 134　中正殿后佛堂内法器（木）局部

图131　中正殿后佛堂内法器（角）
局部

图132　中正殿后佛堂内法器（木）局部

图133　宝华殿内法器（木）局部

图135-1　宝华殿内法器（木）局部

图135-2　中正殿后佛堂内
法器（木）局部

图 136 长春宫回廊
檩两端的纹样（轮廓
镶金）

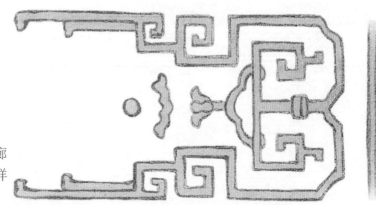

图 137 长春宫回廊
大额枋两端的纹样
（轮廓镶金）

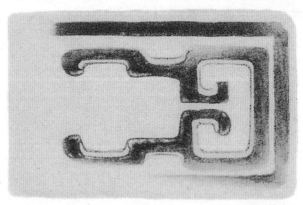

图 138 体元殿宝座
（木）局部

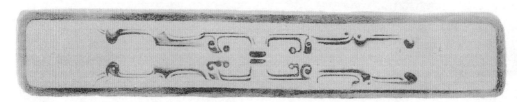

图 139 中正殿后佛堂内法器（木）局部

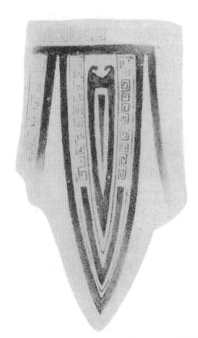

图 140　雨华阁内法器（金属）
局部

图 141　雨华阁内法器（金属）局部

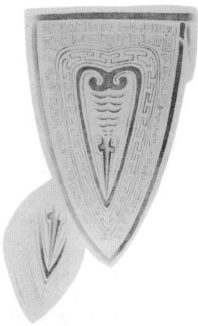

图 142　雨华阁内法器（金属）局部

图 143　雨华阁内法器（金属）
局部

图 144 交泰殿内器具（金属）
局部

图 145 雍和宫内法器（金属）局部

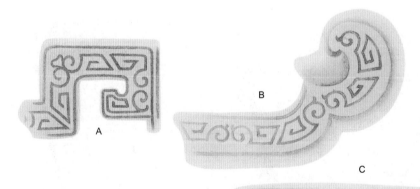

图 146 体元殿内椅子（木）局
部（A、B、C）

图 147 景阳宫内器具（木）局部

图 148 雨华阁内法器（金属）局部

图 149 雨华阁内法器（金属）局部

图 150 景阳宫内器具（木）局部

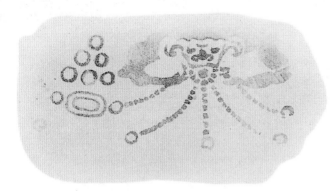

图 151 雍和宫内铁质火钵纹样局部

图 152 斋宫内器具（木）局部

图 153 雨华阁内法器（木）局部

图 154 斋宫内法器（木）局部

图 155 宝华殿内法器（木）局部

图 156 斋宫内法器（木）局部

图 157 宝华殿内法器（木）局部

图 158　斋宫内香炉脚（金属）上镶
嵌的纹样

图 159　太和殿前庭宝鼎底座（白色大理石）局部　浅浮雕

　图 160　储秀宫前庭香炉脚（金属）　　　　图 161　养心殿内器具（金属）局部

图 162 天一门前石饰台（白色大理石）上的浅浮雕

图 163 体元殿内时钟侧面的纹样　　图 164 体元殿内时钟侧面的纹样

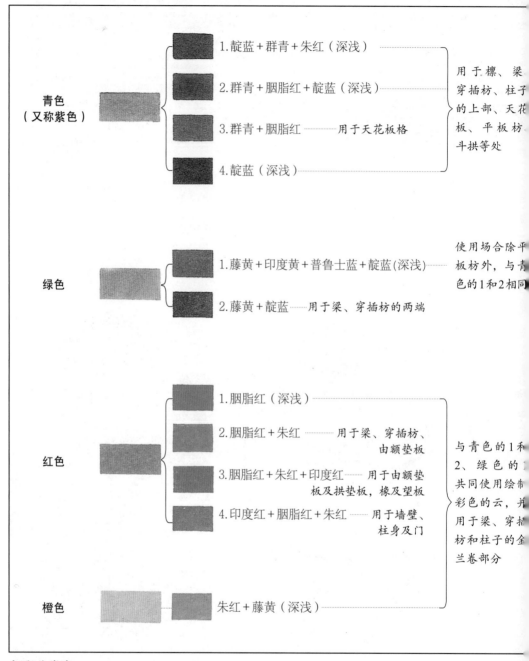

青色
（又称紫色）

1.靛蓝＋群青＋朱红（深浅）

2.群青＋胭脂红＋靛蓝（深浅）

3.群青＋胭脂红————用于天花板格

4.靛蓝（深浅）

用于檩、梁
穿插枋、柱子
的上部、天花
板、平板枋
斗拱等处

绿色

1.藤黄＋印度黄＋普鲁士蓝＋靛蓝(深浅)

2.藤黄＋靛蓝————用于梁、穿插枋的两端

使用场合除平
板枋外，与青
色的1和2相同

红色

1.胭脂红（深浅）

2.胭脂红＋朱红————用于梁、穿插枋、
由额垫板

3.胭脂红＋朱红＋印度红————用于由额垫
板及拱垫板，椽及望板

4.印度红＋胭脂红＋朱红————用于墙壁、
柱身及门

与青色的1和
2、绿色的1
共同使用绘制
彩色的云，并
用于梁、穿插
枋和柱子的金
兰卷部分

橙色

朱红＋藤黄（深浅）

色彩分类表

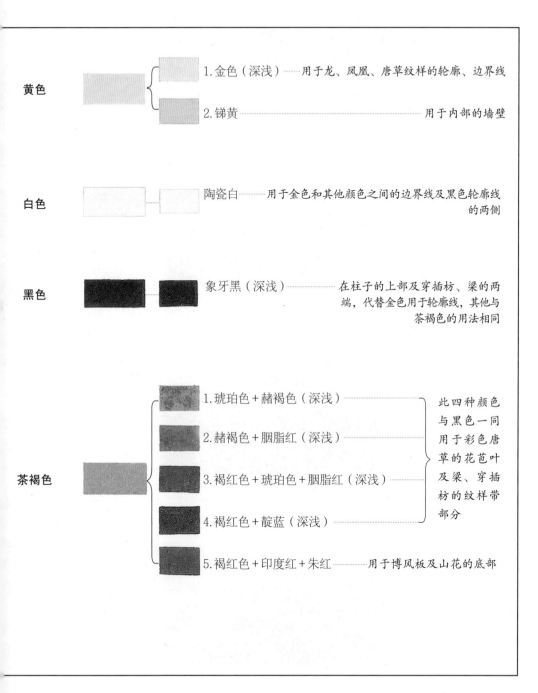

黄色
　1.金色（深浅）———用于龙、凤凰、唐草纹样的轮廓、边界线
　2.锑黄—————————————————————用于内部的墙壁

白色
　陶瓷白———用于金色和其他颜色之间的边界线及黑色轮廓线
　　　　　　　　　　　　　　　　　　　　　　　的两侧

黑色
　象牙黑（深浅）—————在柱子的上部及穿插枋、梁的两
　　　　　　　　　　　端，代替金色用于轮廓线，其他与
　　　　　　　　　　　茶褐色的用法相同

茶褐色
　1.琥珀色+赭褐色（深浅）
　2.赭褐色+胭脂红（深浅）
　3.褐红色+琥珀色+胭脂红（深浅）
　4.褐红色+靛蓝（深浅）
　此四种颜色与黑色一同用于彩色唐草的花苞叶及梁、穿插枋的纹样带部分
　5.褐红色+印度红+朱红———用于博风板及山花的底部

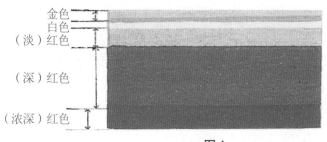

金色
白色
（淡）红色
（深）红色
（浓深）红色

图 1

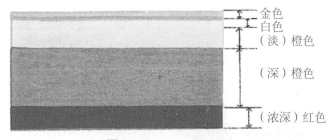

金色
白色
（淡）橙色
（深）橙色
（浓深）红色

图 2

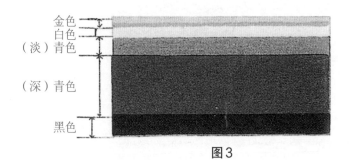

金色
白色
（淡）青色
（深）青色
黑色

图 3

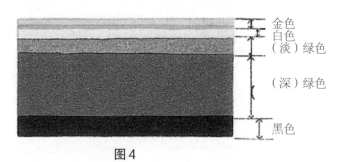

金色
白色
（淡）绿色
（深）绿色
黑色

图 4

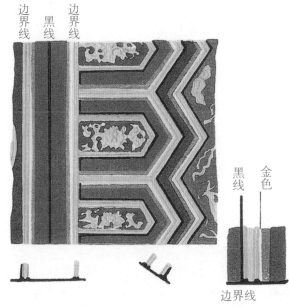

边界线　黑线　边界线

黑线　金色

边界线

图5-1

图5-2

金色

唐草轮廓

图6

图7　边缘镶金的案例

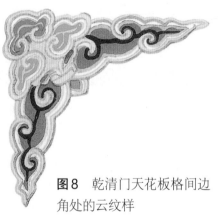

图8 乾清门天花板格间边角处的云纹样

图9 乾清门天花板格间边角处的云纹样

图10 乾清门天花板格间边角处的云纹样

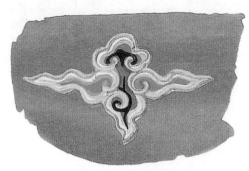

图11 乾清门天花板格间边角处的云纹样

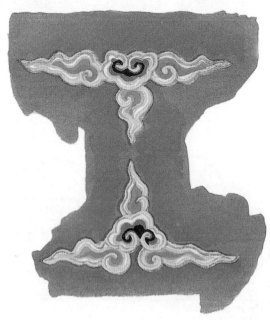

图12 乾清门天花板格间边角处的云纹样

图13 乾清门天花板格间边角处的云纹样

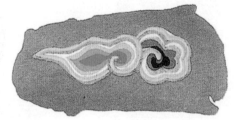

图14 乾清门天花板格间边角处的云纹样

图15　乾清门天花板格间边角处的云纹样

图16　乾清门天花板格间边角处的云纹样

图17　乾清门柱子上部金兰卷局部

图18　乾清宫柱子上部的金兰卷

图19　乾清门梁两端分界部分的装饰

155

图20 乾清宫正立面大额枋两端装饰的纹样带部分

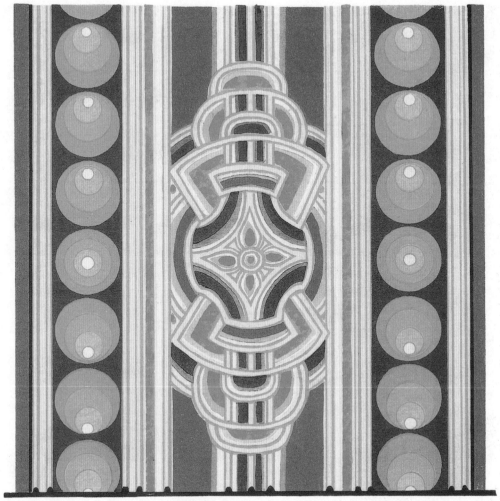

图21 乾清宫正立面小额枋两端装饰的纹样带部分

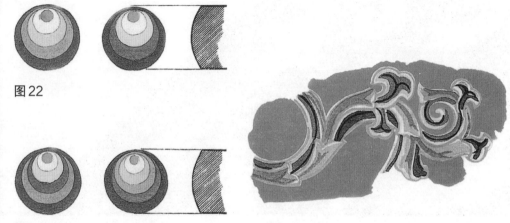

图22

图23

图24

　图25

第七图　色彩用法

图1 乾清宫天花板

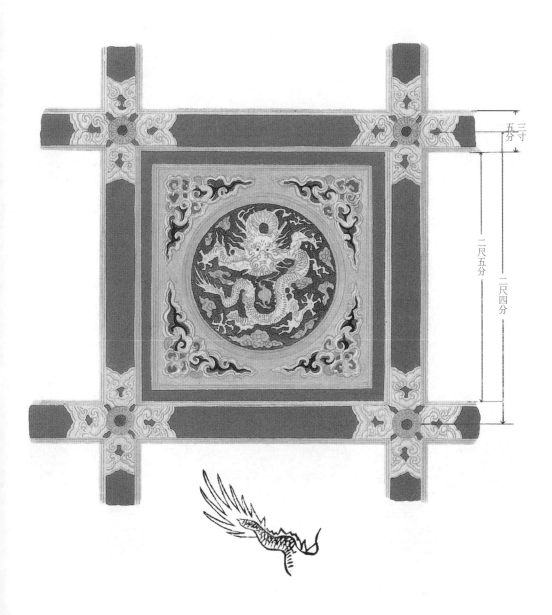

图2　中和殿天花板

龙须是白色的

图3　保和殿天花板

图4　太和殿天花板

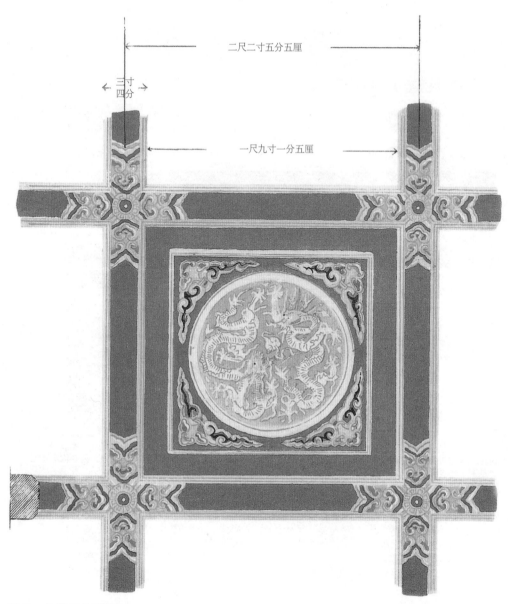

第八图 天花板

二尺二寸五分五厘

三寸四分

一尺九寸一分五厘

图5 乾清门天花板

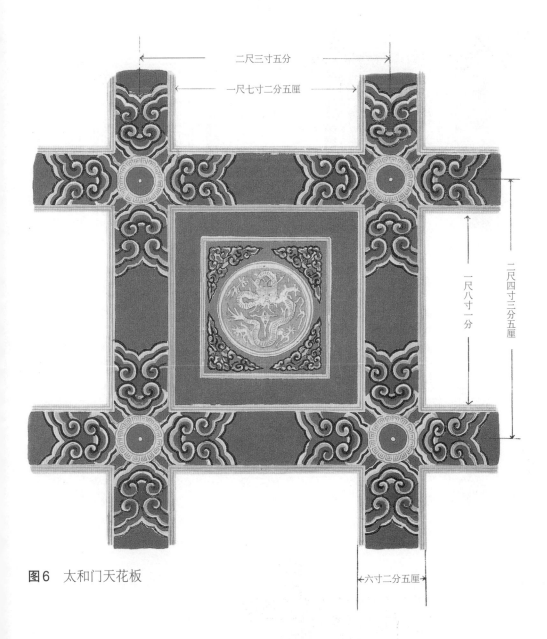

二尺三寸五分

一尺七寸二分五厘

二尺四寸三分五厘

一尺八寸一分

六寸二分五厘

图6　太和门天花板

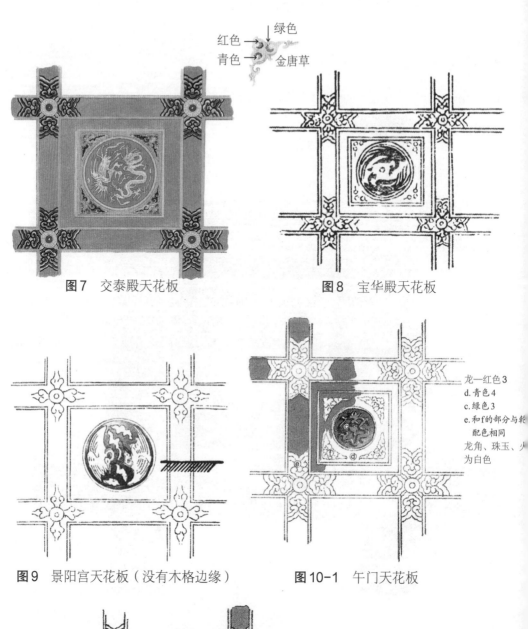

第八图　天花板

绿色
红色　→
青色　→　金唐草

图7　交泰殿天花板

图8　宝华殿天花板

龙—红色3
d.青色4
c.绿色3
e.和f的部分与乾
　色配色相同
龙角、珠玉、火
为白色

图9　景阳宫天花板（没有木格边缘）

图10-1　午门天花板

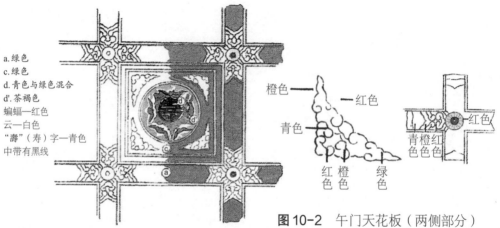

a.绿色
c.绿色
d.青色与绿色混合
d'.茶褐色
蝙蝠—红色
云—白色
"壽"（寿）字—青色
中带有黑线

橙色 ———
——— 红色
青色 ———

红色

红橙绿
色色色

青橙红
色色色

红橙绿
色色色

图10-2　午门天花板（两侧部分）

金唐草

图11　西苑翔鸾阁天花板（配色与乾清门相同）

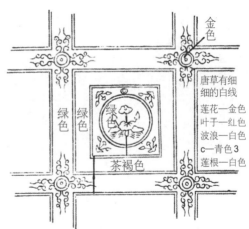

金色

唐草有细细的白线

莲花—金色
叶子—红色
波浪—白色
c—青色3
莲根—白色

绿色　绿色　绿色

茶褐色

图12　文渊阁天花板（外部）

轮廓黑色　金色

f部分

a.绿色
b.深浅不同的红色
c.绿色
d.青色3底色上有写实的草花
e.部分与交泰殿相同

图13　储秀宫回廊天花板（没有木格边缘）

二尺二寸五分

图14　西苑万佛楼天花板（没有木格边缘）

图15-1　　　　　　　　图15-2

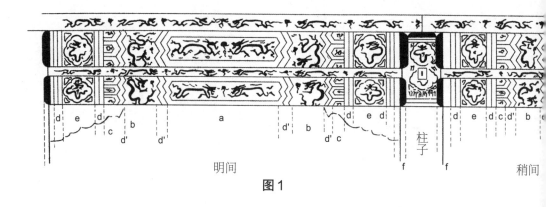

图1

明间　　　　　　　　　　　　　　　　　　稍间

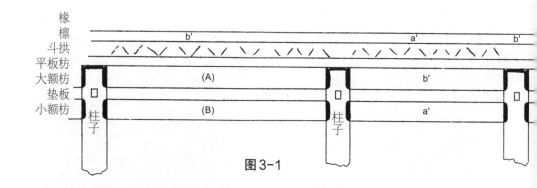

橡
檁
斗拱
平板枋
大额枋
垫板
小额枋

图3-1

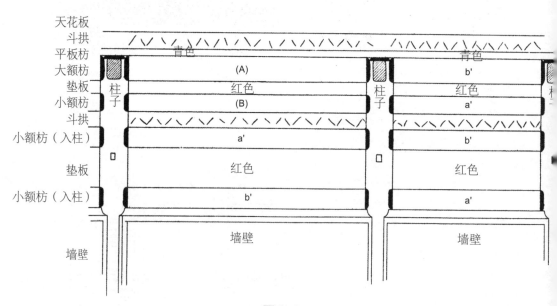

天花板
斗拱
平板枋
大额枋
垫板
小额枋
斗拱
小额枋（入柱）

垫板

小额枋（入柱）

墙壁

图3-2

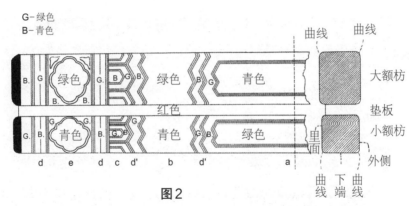

G-绿色
B-青色

曲线　曲线

大额枋

垫板

小额枋

里面　外侧

曲下曲
线端线

图2

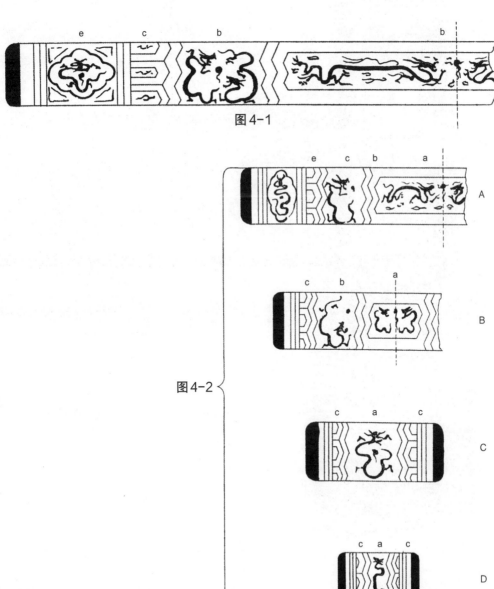

图4-1

图4-2

第九图　穿插枋

注：此图接续图5—4部分

d　　　　e　　　　d　　　c　　　d'

图5-1　乾清门内（右侧面）

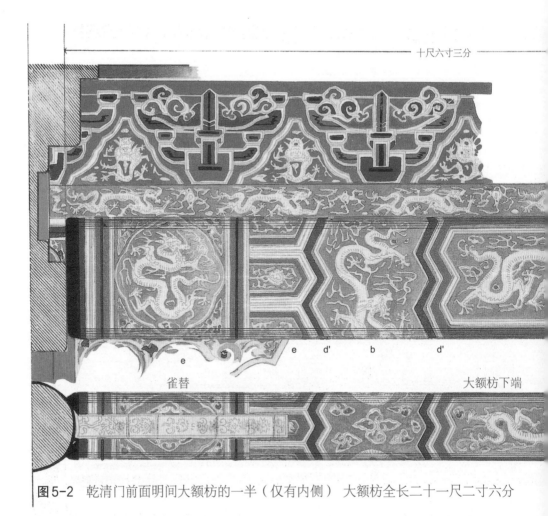

图5-2　乾清门前面明间大额枋的一半（仅有内侧）　大额枋全长二十一尺二寸六分

图5-3　乾清门前面稍间大额枋的一半（仅有内侧）　大额枋全长十七尺六寸五分

第九图　穿插枋

图5-4　乾清门内部（右侧面）

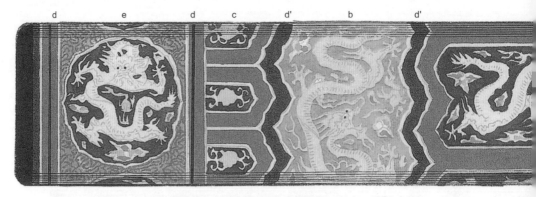

图6-1　太和殿内部明间大额枋（明间长二十八尺一寸）

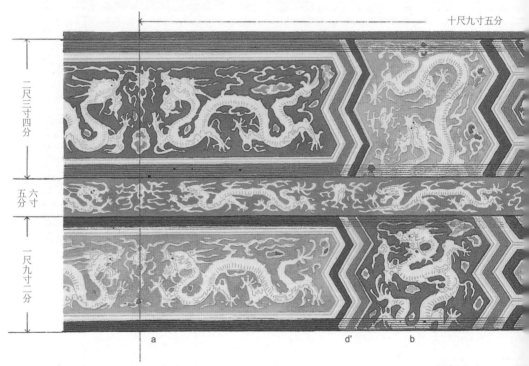

图7-1　乾清宫前面明间的一半（仅有内侧）　大额枋及小额枋全长二十一尺九寸

图6-2　太和殿内梁的下端

图7-2　乾清宫内最大的柱子之间（三十七尺二寸）架设的梁

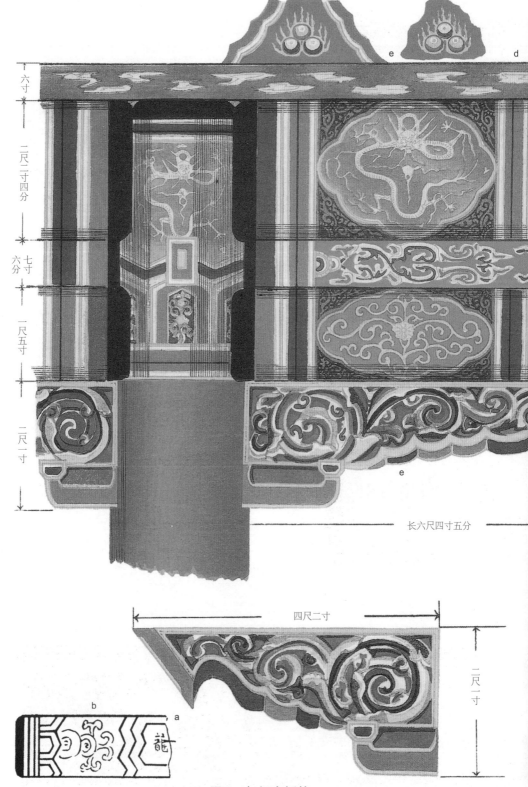

图9 午门穿插枋

176

图8　太和门后面明间（二十七尺五寸）穿插枋

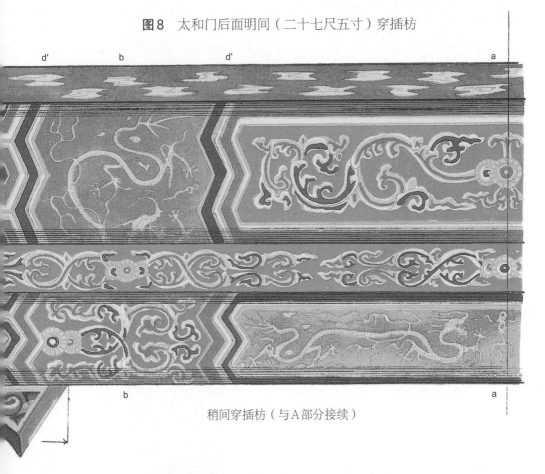

稍间穿插枋（与A部分接续）

a

b　　　d'　　d　　　　　　　　　　d　　e　d

一尺四寸八分

三尺一寸七

一尺四寸

檁

长一尺三寸
五分，宽幅
八寸五分

檐椽的麻叶头　　橡子

　太和门回廊大额枋部分使用的奇珍异兽纹样

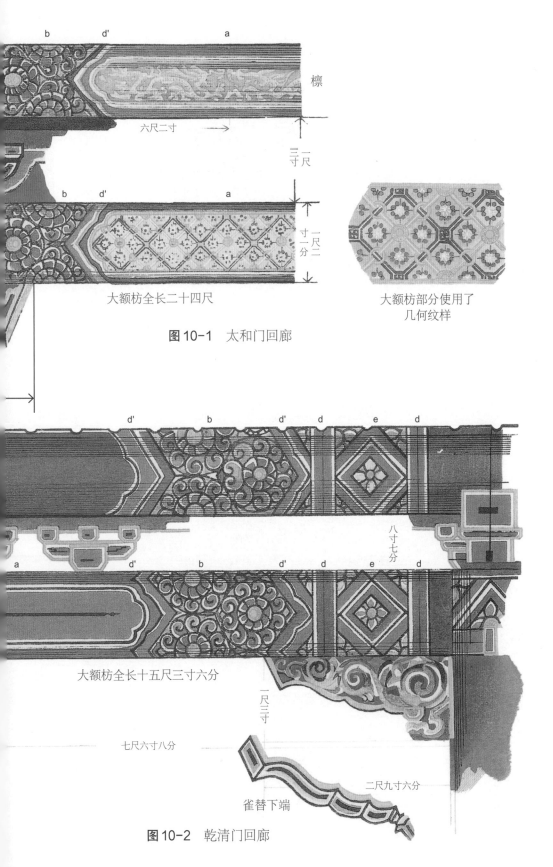

檩

六尺二寸

一尺三寸

大额枋全长二十四尺

一尺二分

大额枋部分使用了
几何纹样

图10-1　太和门回廊

八寸七分

大额枋全长十五尺三寸六分

一尺三寸

七尺六寸八分

二尺九寸六分

雀替下端

图10-2　乾清门回廊

第九图　穿插枋

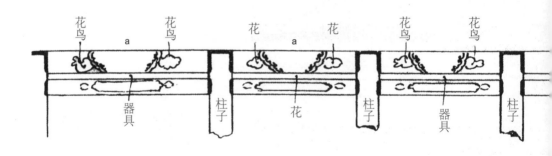

花鸟　　花鸟　　花　　花　　花鸟　　花鸟

a　　　　　　a

器具　　柱子　　花　　柱子　　器具　　柱子

储秀宫穿插枋所用的轮廓形态

图11-1　皇极殿

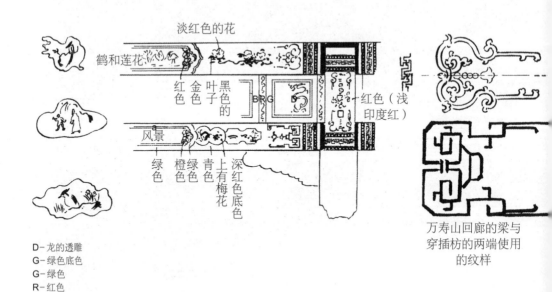

淡红色的花

鹤和莲花

红色　金色　叶子　黑色的

风景

绿色　橙绿色　青色　深红色底色上有梅花

红色（浅印度红）

D−龙的透雕
G−绿色底色
G−绿色
R−红色
B−青色
I−靛蓝

万寿山回廊的梁与
穿插枋的两端使用
的纹样

图11-2　宁寿宫

180

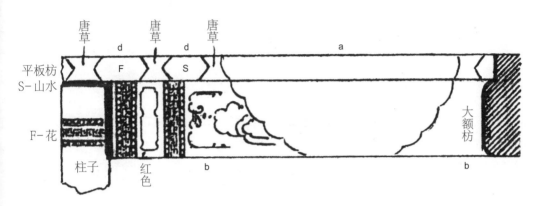

唐草　　唐草　　唐草

平板枋
S-山水

F-花

柱子　　　红色

图12　储秀宫的外部

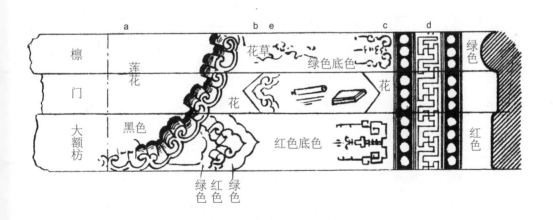

檩

门

大额枋

莲花

黑色

花草
绿色底色

花

红色底色

绿色

红色

绿
色

红
色

绿
色

图13　储秀宫回廊

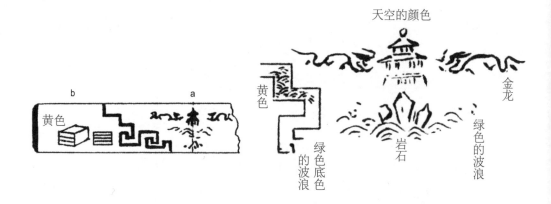

图14　文渊阁

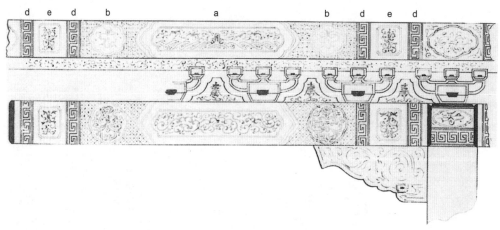

图15　西苑瀛台

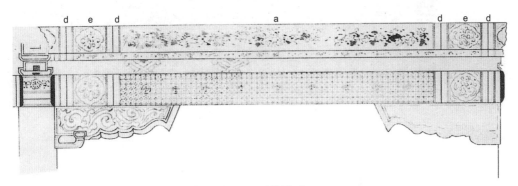

图16　西苑瀛台

图17　西苑瀛台

图1 保和殿内最大柱子间距（三十九尺六寸）之间架设梁的下端

柱径三尺

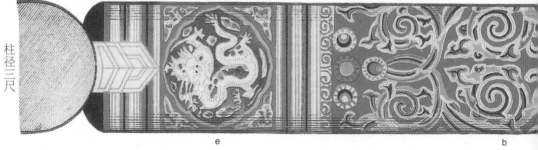

e

b

图3-2 中和殿内部大额枋局部

下端

c　d　　b　　d　a

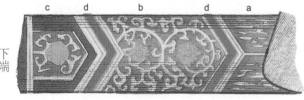

天花板边缘

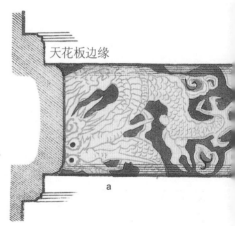

a

图3-1 斋宫内梁的下端

a　　　　　d'　　　　b

天花板边缘

184

天花板边缘

d'   a

图2　中和殿内明间（长二十一尺）
架设梁的下端

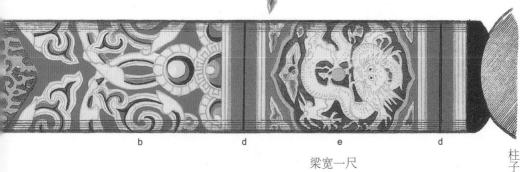

b   d   e   d   柱子

梁宽一尺

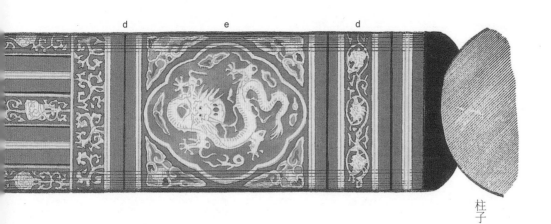

d   e   d   柱子

第
十
图
梁

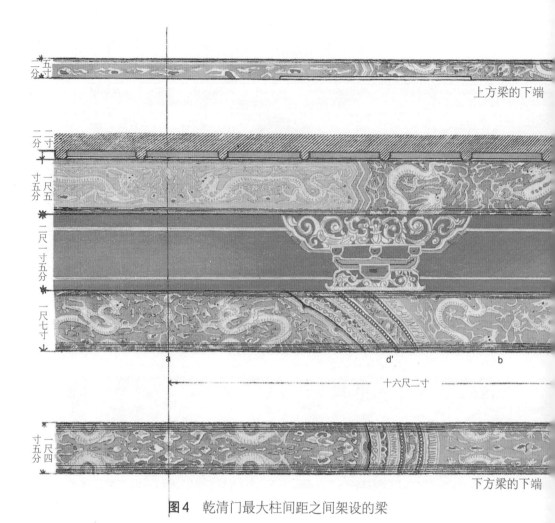

五
寸
二
分

上方梁的下端

二
寸
二
分

一
尺
五
寸
五
分

二
尺
一
寸
五
分

一
尺
七
寸

a   d'   b

十六尺二寸

一
尺
四
寸
五
分

下方梁的下端

图4 乾清门最大柱间距之间架设的梁

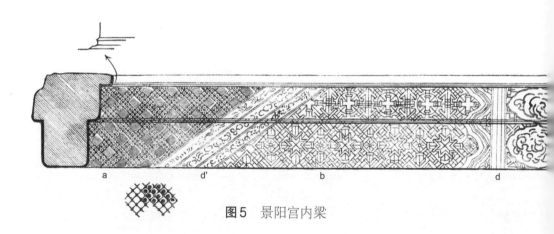

a   d'   b   d

图5 景阳宫内梁

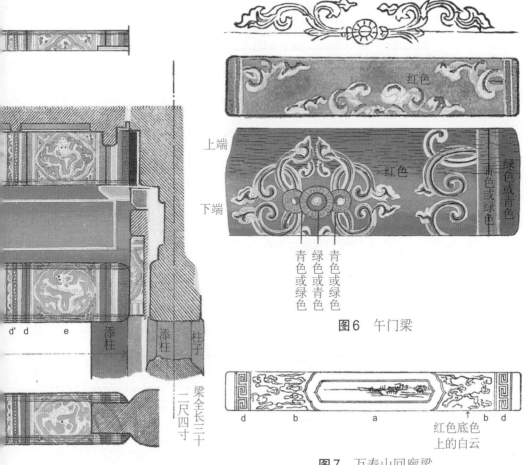

红色

上端

下端

红色

绿色或青色

青色或绿色

青色或绿色
绿色或青色
青色或绿色

梁全长三十
二尺四寸

d' d e 添柱 添柱 柱子

图6 午门梁

d b a b d

红色底色
上的白云

图7 万寿山回廊梁

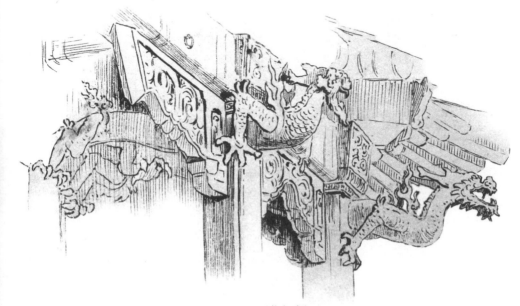

图8 雨华阁梁

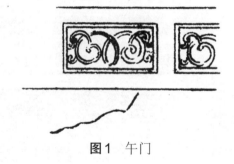

图1 午门

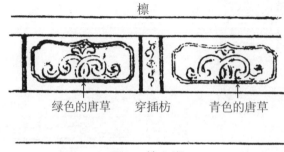

绿色的唐草　　穿插枋　　青色的唐草

图2 养心殿

图3 皇极殿由额垫板上使用的器具

图4 中正殿佛堂使用的纹样　　**图5 雨华阁使用的纹样**

图1 神武门平板枋

图2 皇极殿平板枋

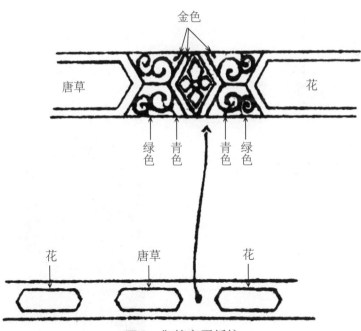

图3 御箭亭平板枋

第十三图 柱子

青色

绿色

红色

图1 保和殿内部

烧金龙

青色

青金色的珠玉

绿色

金色

图2 太和殿内部

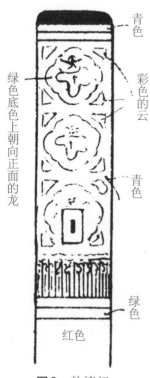

青色

彩色的云

绿色底色上朝向正面的龙

青色

绿色

红色

图3 乾清门

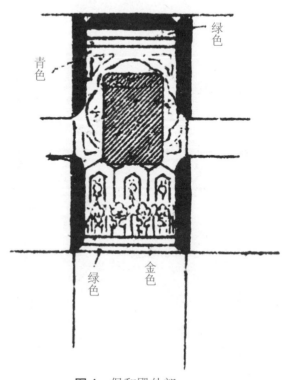

绿色

青色

绿色

金色

图4 保和殿外部

绿色

红色

图5

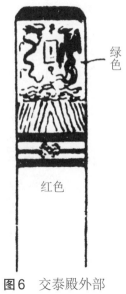

绿色

红色

图6　交泰殿外部

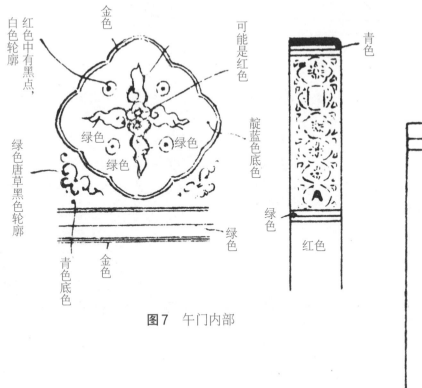

金色

红色中有黑点，
白色轮廓

可能是红色

靛蓝色底色

绿色唐草黑色轮廓

绿色

绿色

绿色

青色底色

金色

绿色

图7　午门内部

青色

绿色

红色

绿色

红色

图8　中和殿内部

191

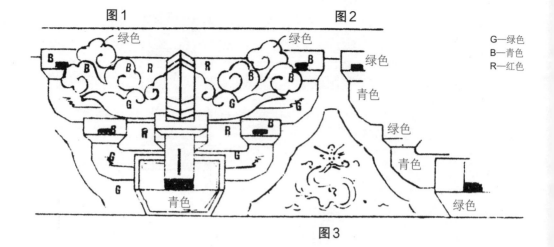

第十四图 斗拱、垫板

图1　图2

绿色　绿色
绿色
青色
绿色
青色
绿色

G—绿色
B—青色
R—红色

图3

中和殿　保和殿

图4

G—绿色
B—青色

青色
绿色

图5

西苑翔鸾阁

图6

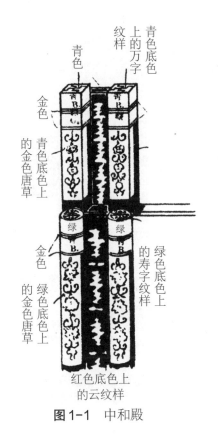

青色
青色底色上的万字纹样
青色底色上的万字纹样
金色
青色底色上的金色唐草
绿色
金色
绿色底色上的金色唐草
绿色底色上的寿字纹样
红色底色上的云纹样

图1-1　中和殿

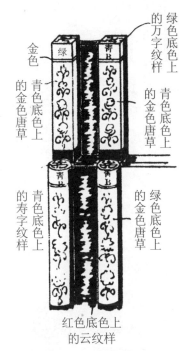

绿色底色上的万字纹样
金色
青色底色上的金色唐草
青色底色上的金色唐草
青色
绿色底色上的寿字纹样
红色底色上的云纹样

图1-2　中和殿

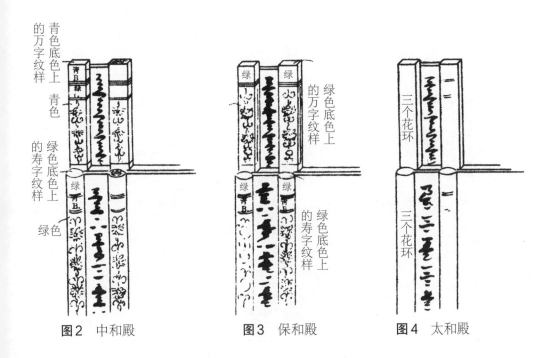

青色底色上的万字纹样
青色
绿色底色上的寿字纹样
绿色

图2　中和殿

绿色底色上的万字纹样
绿色底色上的寿字纹样

图3　保和殿

三个花环
三个花环

图4　太和殿

193

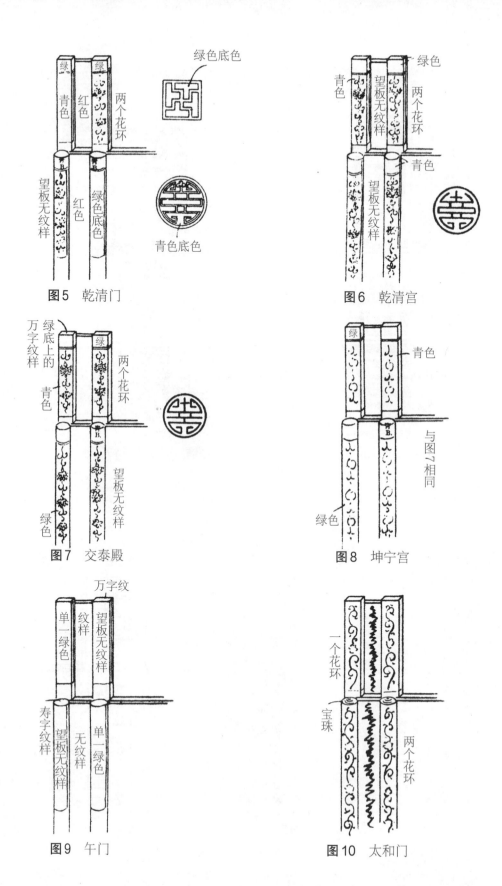

第十五图 椽、望板

绿色底色

绿色 青色 红色 两个花环

绿色底色

青色底色

望板无纹样 红色

图5 乾清门

绿色 青色 两个花环

青色

望板无纹样

图6 乾清宫

绿底上的 万字纹样

青色 绿色 两个花环

望板无纹样

绿色

图7 交泰殿

绿 青色

与图七相同

绿色

图8 坤宁宫

万字纹

单一绿色 纹样 望板无纹样

寿字纹样 无纹样 单一绿色

望板无纹样

图9 午门

一个花环

宝珠 两个花环

图10 太和门

194

下端

图1

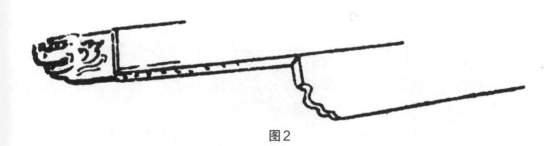

图2

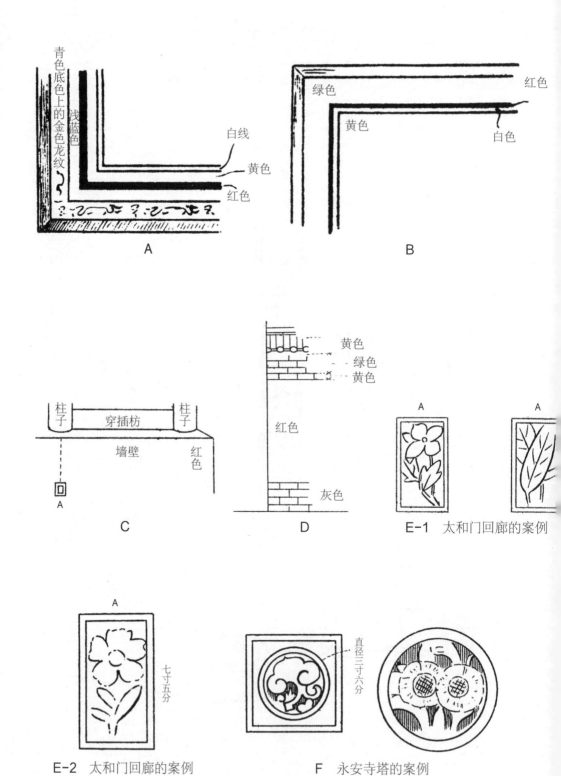

A

B

C

D

E-1　太和门回廊的案例

E-2　太和门回廊的案例

F　永安寺塔的案例

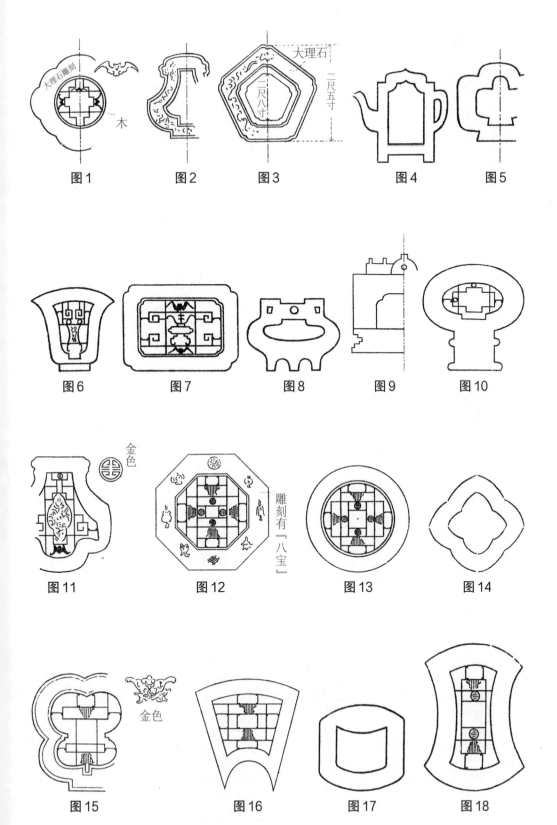

图 1　　　　图 2　　　　图 3　　　　图 4　　　　图 5

图 6　　　　图 7　　　　图 8　　　　图 9　　　　图 10

图 11　　　　图 12　　　　图 13　　　　图 14

图 15　　　　图 16　　　　图 17　　　　图 18

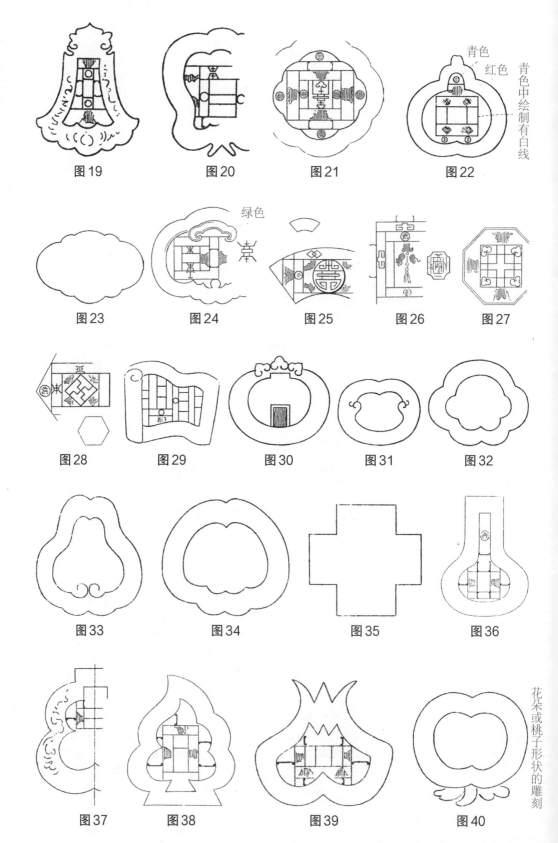

第十七图 墙壁

图19　　　　图20　　　　图21　　　　图22

青色
红色
青色中绘制有白线

绿色

图23　　　图24　　　图25　　　图26　　　图27

图28　　　图29　　　图30　　　图31　　　图32

图33　　　图34　　　图35　　　图36

图37　　　图38　　　图39　　　图40

花朵或桃子形状的雕刻

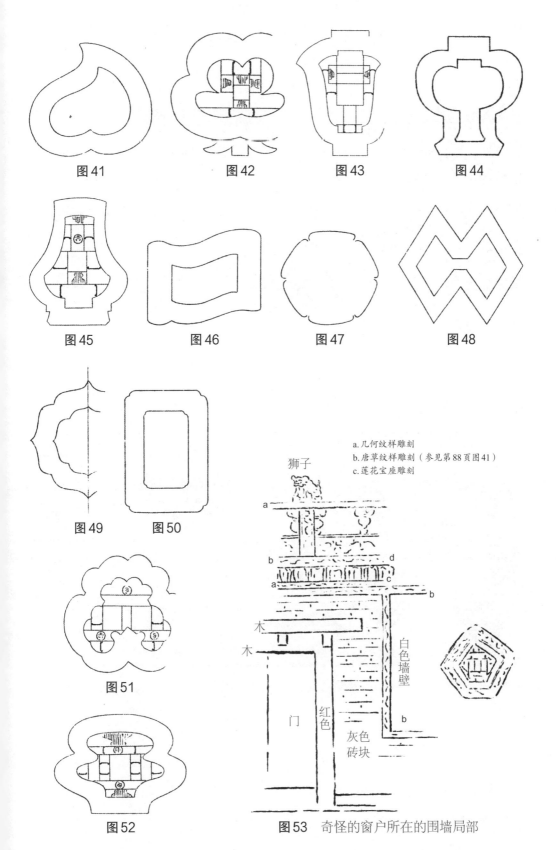

图 41　　　图 42　　　图 43　　　图 44

图 45　　　图 46　　　图 47　　　图 48

图 49　　图 50

a. 几何纹样雕刻
b. 唐草纹样雕刻（参见第88页图41）
c. 莲花宝座雕刻

狮子

图 51

图 52　　　图 53　奇怪的窗户所在的围墙局部

199

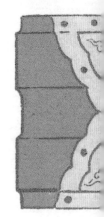

图 1　乾清门上的八只铜片

图 3　交泰殿殿门上的铜片

图2　保和殿门上的铜片

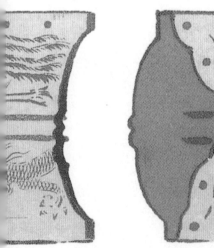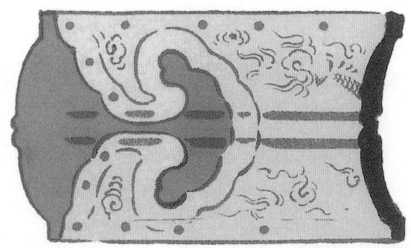

图4　养心殿殿门上的铜片

图5-1　保和殿殿门

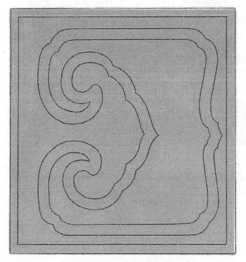

图5-2　保和殿殿门垫板的部分（当宽度缩短时）

图6-1　中和殿殿门局部

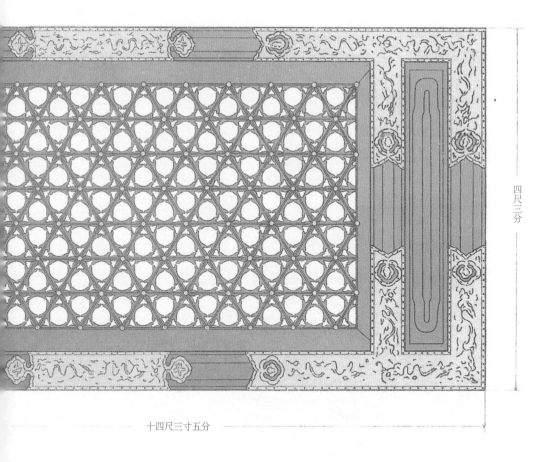

四尺三分

十四尺三寸五分

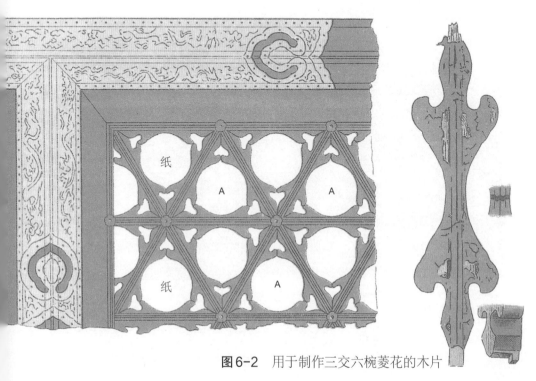

纸

A   A

纸

A

图6-2 用于制作三交六椀菱花的木片

五尺五寸五分

图7-1　太和殿殿门

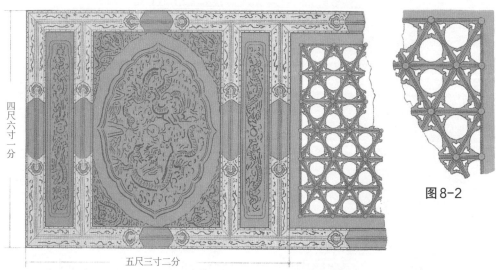

四尺六寸一分

五尺三寸二分

图8-1　乾清宫殿门

图8-2

图8-3　用于制作三交六椀菱花的木片

十五尺六寸

十五尺六寸

图7-2

四尺九寸七分五厘

五尺一寸五分

图9　交泰
殿殿门

图10-1 坤宁宫殿门的三交六椀菱花

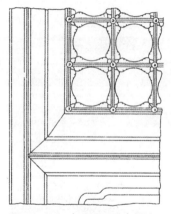

图10-2 太和门回廊殿门的三交六椀菱花

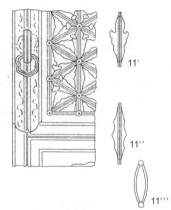

图11 千秋殿殿门三交六椀菱花

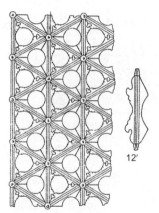

图12 西苑万善殿殿门三交六椀菱花

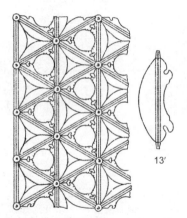

图13 西苑某殿门三交六椀菱花

图14 养心殿殿门三交六椀菱花

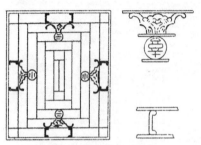

图15 万寿山某殿门局部

图16 长春宫门局部

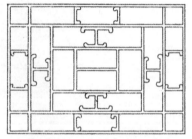

图17 长春宫窗棂局部

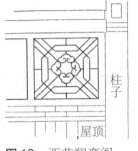

图 18　西苑翔鸾阁
回廊

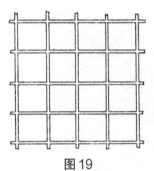

图 19

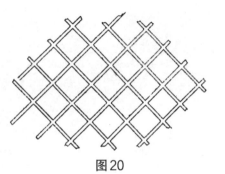

图 20

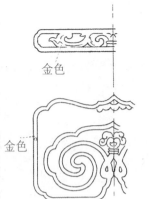

图 21　西苑万善殿
门垫板

图 22　西苑永安寺
塔前堂门（青铜）的
垫板

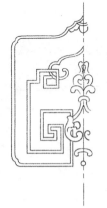

图 23　斋宫宫
门垫板

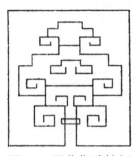

图 24　西苑集瑞馆门
的垫板

图 25　中正殿后佛堂门的
垫板

图 26　西苑小西天八角堂门的垫板局部

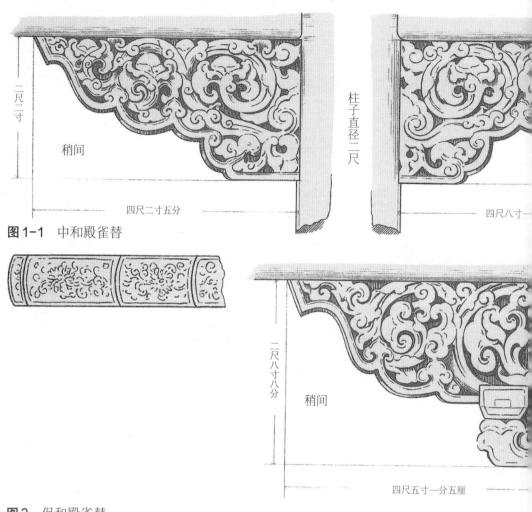

二尺二寸

稍间

四尺二寸五分

柱子直径二尺

四尺八寸一

图1-1　中和殿雀替

二尺八寸八分

稍间

四尺五寸一分五厘

图2　保和殿雀替

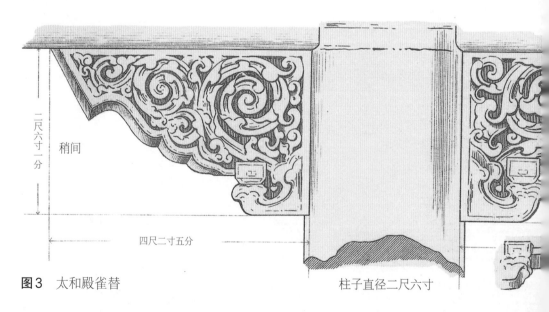

二尺六寸一分

稍间

四尺二寸五分

柱子直径二尺六寸

　图3　太和殿雀替

第十九图　雀替

用于柱间距较短时

图1-2　中和殿雀替

二尺二寸二分

下端宽五寸九分

明间

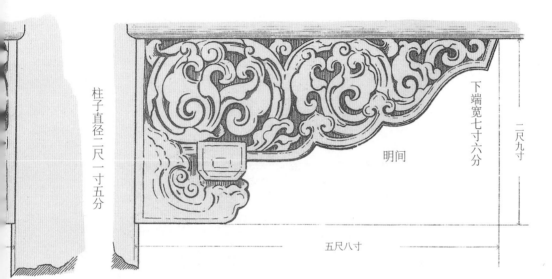

柱子直径二尺一寸五分

下端宽七寸六分

二尺九寸

明间

五尺八寸

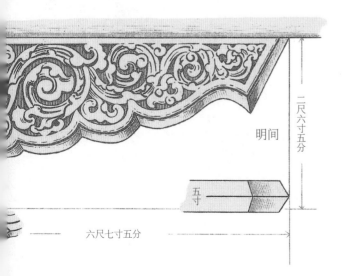

二尺六寸五分

明间

五寸

六尺七寸五分

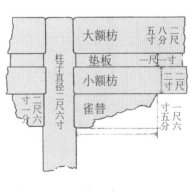

		二尺八寸五分
大额枋		
垫板	一尺一寸	
小额枋	二尺二寸	
雀替	一尺六寸五分	

柱子直径二尺六寸

二尺六寸

209

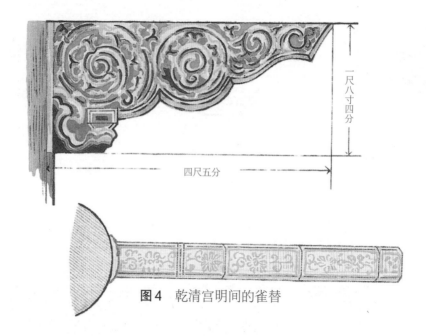

一尺八寸四分

四尺五分

图4 乾清宫明间的雀替

二尺三寸

四尺一寸

图5 乾清宫前面明间的雀替

图6 斋宫的雀替

图7 万寿山回廊的雀替

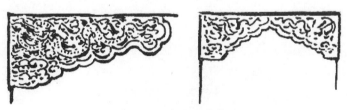

图8 宁寿宫的雀替

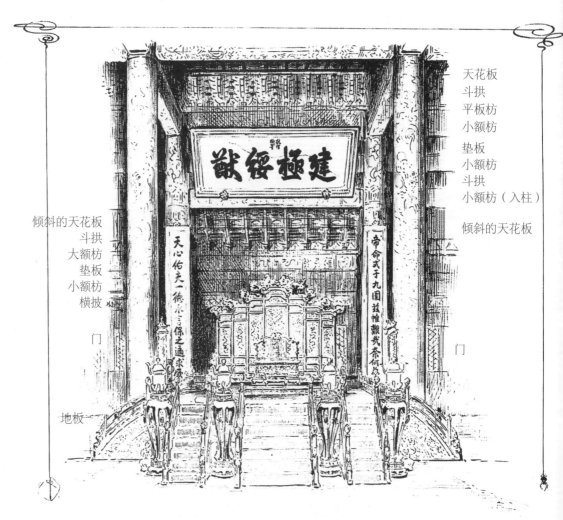

天花板
斗拱
平板枋
小额枋
垫板
小额枋
斗拱
小额枋（入柱）

倾斜的天花板

倾斜的天花板
斗拱
大额枋
垫板
小额枋
横披

门

门

地板

图1-1 太和殿宝座（根据照片拓印）

图1-2　太和殿宝座上方的天花板

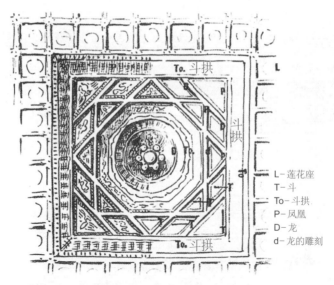

L－莲花座
T－斗
To－斗拱
P－凤凰
D－龙
d－龙的雕刻

图1-3　太和殿宝座上方天花板的平面图

图2　乾清宫宝座（根据照片拓印）

图3　保和殿宝座（根据照片拓印）

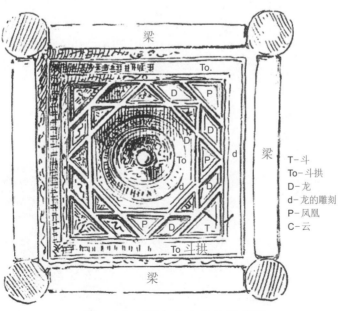

T–斗
To–斗拱
D–龙
d–龙的雕刻
P–凤凰
C–云

图4　交泰殿宝座上方的天花板

唐草金 金色

图1 中和殿

通常是青色底色上绘制一条龙

图2 保和殿

一般为唐草

图3 太和殿

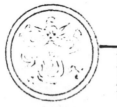

青色底色

图4 乾清门

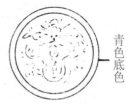

青色底色

图5 乾清宫

图6 交泰殿

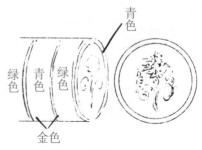

青色

绿色 青色 绿色

金色

图7 坤宁宫

一般为青色底色上绘制唐草

图8 午门

青色底色上绘制唐草

图9 太和门

青色

图10 储秀宫

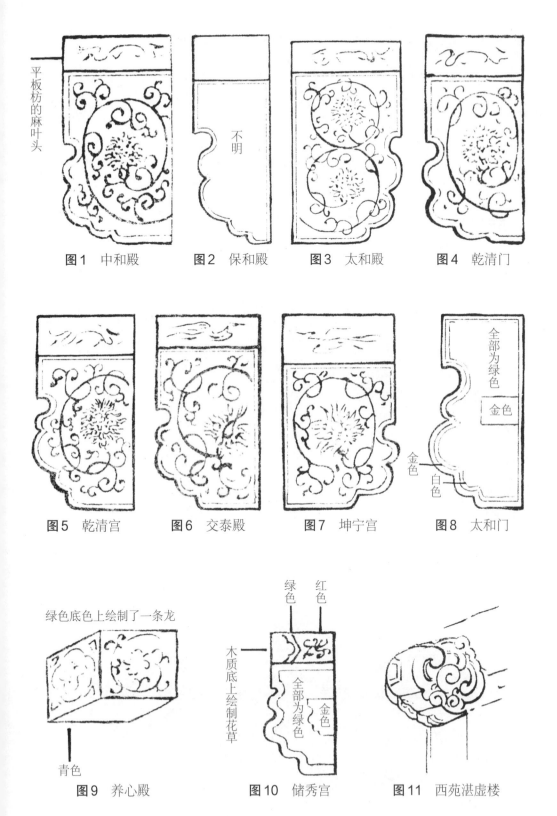

平板枋的麻叶头

不明

图1　中和殿　　图2　保和殿　　图3　太和殿　　图4　乾清门

全部为绿色

金色

金色

白色

图5　乾清宫　　图6　交泰殿　　图7　坤宁宫　　图8　太和门

绿色底色上绘制了一条龙

青色

图9　养心殿

绿色　红色

木质底上绘制花草

全部为绿色

金色

图10　储秀宫

图11　西苑湛虚楼

217

图1　宝华殿内神龛的雀替（木雕）

图2　斋宫内法器（木）
局部

图3　乾清宫前庭嘉量（白色大理石）局部　浅浮雕

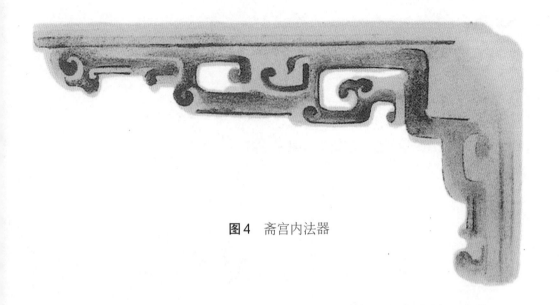

图 4　斋宫内法器

前面

图 5-1　长春宫前庭狮子台（铜）局部

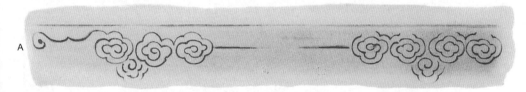

图 5-2

图 6　养心殿前庭狮子台（铜）局部

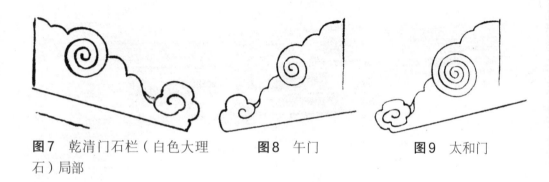

图7 乾清门石栏(白色大理石)局部　　　图8 午门　　　图9 太和门

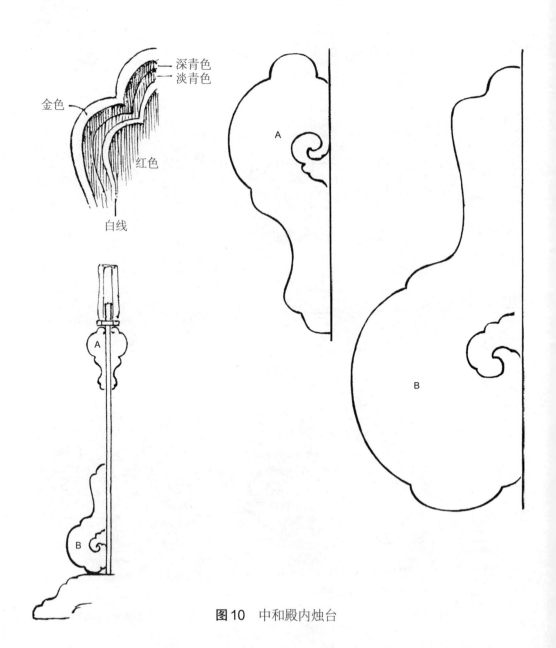

深青色
淡青色
金色
红色
白线

A

B

图10 中和殿内烛台

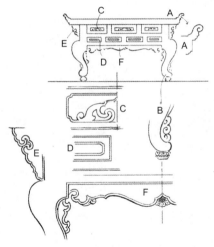

图11　千圣殿内桌子

石阶

图12　万善殿石栏（白色大理石）局部

图13　太和殿内宝座踏台（木）局部

图14　石台（白色大理石）
局部

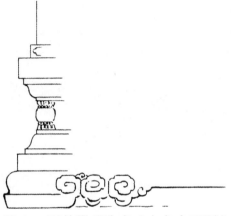

图15　万善殿须弥座（白色大理石）
局部

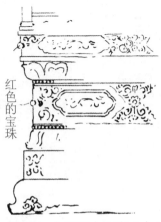

红色的宝珠

图16　太和殿内宝座（木）
局部

221

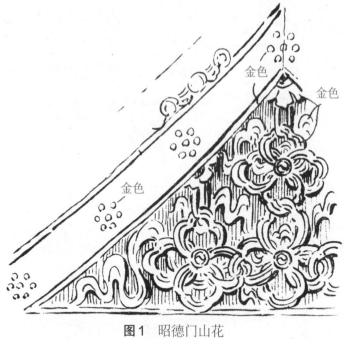

图1　昭德门山花

图2　保和殿石栏柱头

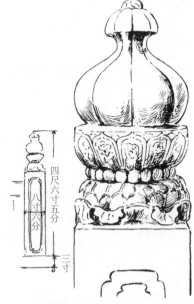

图3　保和殿石栏柱头

图4　内金水桥石栏柱头（中央的桥与图2、图3相同）

图5　午门石栏柱头

图6　西苑万善殿石栏
柱头

图7　文渊阁前庭桥的
栏杆柱头

图8　西街金水桥栏杆
柱头

带颜色的瓦

红色

图9　乾清门影壁的一半

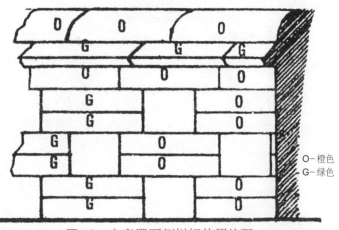

O–橙色
G–绿色

图10　交泰殿两侧栏杆使用的瓦

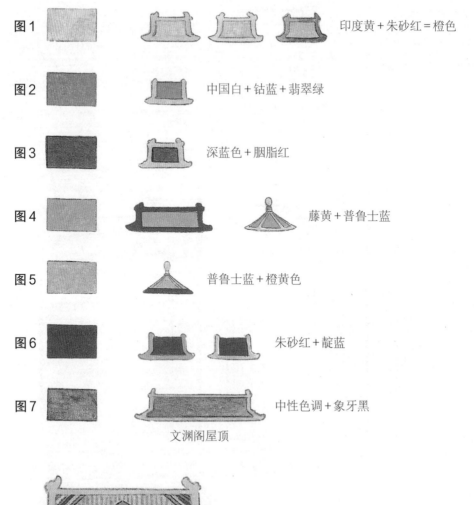

图1　　　　　　　　　　　　　　　印度黄＋朱砂红＝橙色

图2　　　　　　　　　　中国白＋钴蓝＋翡翠绿

图3　　　　　　　　　　深蓝色＋胭脂红

图4　　　　　　　　　　　藤黄＋普鲁士蓝

图5　　　　　　　　普鲁士蓝＋橙黄色

图6　　　　　　　　　朱砂红＋靛蓝

图7　　　　　　　　　中性色调＋象牙黑

文渊阁屋顶

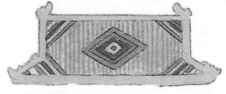

图8　永安寺

图9-1　万寿山众香界（参照第二十八图　万寿山离宫）

图10　雨华阁

图11　景山

佛像

图9-2　西苑小西天墙壁及屋瓦（可以看到佛的形象）

乾清宫（从乾清门处的写生）

瀛台的各个宫殿（从西苑宝月楼望向瀛台的写生，参照《西苑平面图》）

万寿山离宫

接缝 →

← 接缝

图1 太和殿中部垫板局部

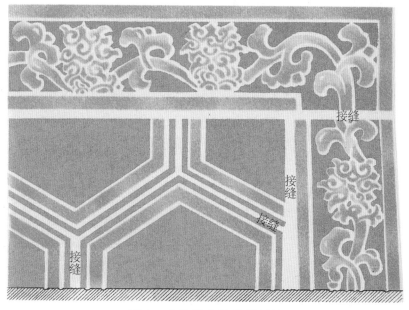

接缝

接缝

接缝

接缝

图2　太和殿中部垫板局部

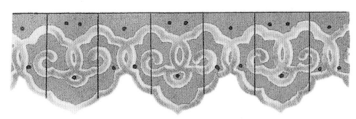

图3　体仁阁使用的彩瓦局部

图4　琼苑西门大额枋局部